21 世纪城市灯光环境规划设计丛书

城市商业街灯光环境设计

吴蒙友　殷艳明　编著

中国建筑工业出版社

《21世纪城市灯光环境规划设计》丛书编委会

策 划 单 位：名家汇城市照明规划研究所
　　　　　　中国建筑工业出版社

策　　　　划：王雁宾　程宗玉
编委会主任：程宗玉
副　主　任：吴蒙友
丛书　主编：吴蒙友

《城市商业街灯光环境设计》

编　　　　著：吴蒙友　殷艳明
美　术　编辑：谢灵巧　李忠文
责 任 编 辑：王雁宾　马　彦　李晓陶

前 言

全国经济的持续走高，带动了灯光产业的快速发展；城市经济的日益壮大，使得灯光环境规划设计成为城市建设的重要组成部分。目前无论灯光环境规划设计理念还是灯光设备都发生了很大变化。新的设计思想结合灯光特性、艺术性和文化品位特色，强调以人为本的人性化设计，以满足城市人们希望夜生活所能达到的环境优美、光亮感和色彩感适宜、空间层次感舒适、城市立体感丰富等多个层面的要求。光源科学的发展，光照艺术的魅力，推动着城市建设的进步，其表现形式，被称作城市"第二轮廓线"，城市建设的"四维空间"。它的发展同时也拉动了城市经济。照明新理念的发展，改变了城市灯光环境的面貌。高新技术产品的不断涌现，使城市灯光环境呈现出美好的发展前景。这是我们编辑《21世纪城市灯光环境规划设计》丛书的动力。夜晚的城市为夜空间环境提供所需的必备机能，如娱乐、休闲、聚会、庆典、商业、交通等，并通过各种高科技演光手段对城市夜间景观环境进行二次审美创造，为城市人们夜生活提供必要、舒适的人工光照环境。

城市灯光环境离不开光源的开发和灯具设计形式及技术的发展，光源与灯具设计除去其光亮、色彩给城市带来的美感之外，灯具本身的形象和特色也为美化城市增添优雅的笔触。

建筑室内外以及道路、桥梁、公园、广场装饰的用光、用色技巧，光与色对人体的反映，光色的艺术表现方法，城市建设和各种环境装饰用光、用色的案例分析、优秀作品展示、国内外先进案例介绍等等，是本套丛书所涉及的范围。本丛书共分五册，包括有《城市广场灯光环境规划设计》、《城市道路桥梁灯光环境规划设计》、《城市商业街灯光环境设计》、《城市园林灯光环境设计》、《室内空间灯光环境设计》等。丛书从案例解剖、设计分析入手，系统详尽地介绍了环境灯光规划设计、艺术效果以及灯具款式的选用，电路系统的安装控制等。言简意赅，案例翔实，图文并茂，道理通俗易懂，且集全面性、专业性、实用性于一体。

限于编者的水平，丛书可能会出现这样或那样的错误，许多方面或深度不及或广度不够，这也是在所难免的。敬请有关专家和广大读者提出宝贵意见，以使丛书臻于完善，使读者于丛书中能得到裨益。

编 者

2005年6月

Contents

目 录

第一篇　商业街环境照明概论 ... 1

第1章 商业街照明特征概念及其功能作用 ... 1
1.1 商业街环境照明特征 ... 1
1.2 商业街环境照明概念 ... 1
1.3 商业街照明设计功能 ... 1
1.4 商业街灯光环境设计的作用 ... 2

第2章 商业街灯光环境发展状况 ... 4
2.1 夜市照明发展的脉络 ... 4
2.2 国内外夜景照明概况 ... 4
2.3 国内商业街灯光环境现状 ... 5

第二篇　商业街环境照明基础 ... 7

第3章 基础光学知识 ... 7
3.1 光与人的视觉 ... 7
3.2 灯光的表现基础 ... 7
3.3 电光源 ... 9
3.4 光色及其彩色光的应用 ... 11
3.5 照明美学 ... 19

第4章 构成商业街灯光环境的基本要素 ... 20
4.1 明晰商业街的轮廓 ... 20
4.2 突出商业街的结构 ... 20
4.3 使用线——面分析法 ... 23
4.4 深入调查研究并进行详细规划 ... 23

第三篇　商业街灯光环境规划设计方法及案例解析 ... 25

第5章 商业街夜景观的设计方法 ... 25
5.1 商业街夜景观总体规划 ... 26
5.2 商业街灯光环境详细规划 ... 26
5.3 商业街灯光环境景点设计 ... 28

第6章 商业街景观元素照明方式 ... 32
6.1 商业街建筑物照明 ... 32
6.2 水体照明设计 ... 35
6.3 雕塑及构筑物照明的设计 ... 36
6.4 植物照明设计 ... 38

第7章 商业街夜景观规划设计 ... 41
7.1 商业街照明规划设计原则 ... 41
7.2 商业街夜景观构成要素 ... 41
7.3 沿街建筑夜景观规划设计 ... 41
7.4 街道设施设计 ... 43
7.5 人行道夜景观设计 ... 44
7.6 街口夜景观规划设计 ... 45

第8章 商业街灯光环境设计案例 ... 47
8.1 杭州南山路照明设计 ... 47
8.2 长春市建设街道路夜景观规划设计 ... 50
8.3 徐州户部山步行街灯光环境设计 ... 51
8.4 长春市新民大街等主要街道景观照明设计 ... 53

第四篇 商业街灯光环境设计灯具应用 ... 58

第9章 灯具的分类 ... 58
9.1 商业街灯具的分类 ... 58
9.2 商业街的灯具造型 ... 58
9.3 商业街照明设备的配置应注意的问题 ... 58
9.4 灯具的作用 ... 59
9.5 商业街适用灯具 ... 59

第五篇 商业街照明设备安装及环境工程管理 ... 75

第10章 线路敷设和照明灯具、配电系统的安装 ... 75
10.1 绝缘导线、电缆的选择 ... 75
10.2 绝缘导线、电缆的敷设 ... 75

第11章 照明灯具及设备安装 ... 77
11.1 照明灯具的安装 ... 77
11.2 配电系统的安装 ... 77
11.3 商业街电气设备的安全设计 ... 77

第12章 照明控制与节能 ... 79
12.1 照明控制的意义 ... 79
12.2 智能照明的控制系统 ... 80
12.3 节能措施 ... 82
12.4 推行绿色照明工程 ... 82
12.5 环境保护 ... 83

第六篇 商业街灯光环境实景 ... 84

第13章 商业街灯光环境集锦 ... 84
主要参考文献 ... 119

第一篇　商业街环境照明概论

第1章　商业街照明特征概念及其功能作用

1.1　商业街环境照明特征

商业街是城市整体中的一个非常重要的有机组成部分。商业街照明，是以现代化的照明科技和艺术手段，在城市统一规划设计下，实现商业街的再塑造。

商业街照明，是通过夜景观规划和设计的思路，遵照当地政治、经济、文化的固有特征，考虑到建筑的文脉、地形、风格以及自然与人为形成各种具有标志性的"客观物体之存在"，从驾驭城市夜空间的管理法规与艺术要求入手，对商业街进行夜间的"二次设计"，其具体内容包括外观、色彩、风格、材料质感等"二次表现"。

按照夜景观的特点而规划设计的商业街照明，遵循规范化、科学化、艺术化的轨道，为街道室内外及其环境进行专业的夜间表现，使那些被光授形的物体，在科学的、立体的照明中风情万种。中外商业街照明的许多范例都已证明：通过"二次设计"、运用"二次表现"而完成的"二次塑造"的商业环境，对继承城市传统的生活方式、保护古建筑、提高文明度、树立新形象等都起到了重要作用。而商业照明的神奇魅力，还大大增加了商品的销售额，直接推动了商业经济的翻倍发展。

1.2　商业街环境照明概念

商业街照明是伴随着对光学高科技的运用，人为创造的一道美化建筑环境的极富表现力的工程。然而，它又不单是顺应环境，更不是景观的附属产品，它是激活环境的要素，是树立城市大环境系统观念，打破单向思维与封闭创作定式，实现城市景观与环境设施，向有机、科学、艺术和突出个性的方向发展的不可或缺的表现手段。

商业街照明还是对建筑艺术表现形式的一种伸延，是以最现代的科技照明运作程序，结合创新的照明设计，突出了商业街特定的环境特色。它是一门年轻的、富有独立特色的艺术表现形式。

城市商业街形成的夜景观，是城市景观概念的补充，它使城市景观范畴更加具体。商业街的夜景观，并非是日景观的复制，而是艺术的再塑造。它在满足照明的同时，把商业街的环境特色、人文特色、服务特色，尽善尽美、焕然一新地呈现到顾客的面前。那神奇的经过精心设计的光流，具有一种煽动人们购买欲望的效果，起着直接推动市场经济的作用。

商业街的夜景观与整个城市的夜景观一样，直接反映着一个城市的科学技术水平、经济发展程度和整体审美层次，它是自然科学文化与社会科学文化相互渗透的结晶。在国际高科技竞争日益激烈的今天，以光学为基础、具有现代审美价值的商业街环境照明设计，既是表现城市建筑艺术水平的有力支持，又是显示综合国力和国家建筑艺术总体科技水平的一种标志。

1.3　商业街照明设计功能

商业街照明是一项从灯光设计中体现为建筑物和整体空间塑造出一个全新形象的系统工程，它是对选址、分布、功能划分、布局、造型等建筑艺术层面的再创造。

商业街的照明设计，既属建筑和艺术设计的范畴，但又不同于建筑、雕塑和绘画。它像一首美妙的轻音乐，没有繁复的乐章，却悄悄地贯穿在商业街自然景观清新流畅的线条中。

优秀商业街的照明设计，像现代顶级的环境艺术一样，穷尽文学、美学、光学、建筑学和各类有关综合科学的优化组合。对自己实施的项目，不是孤立地看待，而是将其转换为与城市整体更协调的一个城市公共空间，邻里空间转化为城市空间的一个环节，从建筑设计、美术、文学、音乐中寻找合适的创作依据，获取灵感，利用清澈的水源、碧绿的草地、弯曲的地形等各种富有弹性和可塑性的元素，进行各种艺术的尝试，为商业街的室内外，塑造出富有"特色"的环境艺术和"视角个性"，从商品与顾客的要求出发，运用想像力创造出了展示商品的舞台，提高商品附加值，吸引消费者购买欲望。灯光的视角推销艺术，可以称得上是一门科学，它用照明将顾客主观的想像与商家的客观推销融为一体。

人性化的商业空间照明设计与展示，可以迎合顾客审美情趣，令大众化的商业空间极具亲和力。

高明的照明设计，看似随意，实则费尽心机。照明设计师紧紧抓住建筑设计师对商店、餐馆、酒吧等各自特征之原旨，用灯光激起顾客的好奇心和潜在的审美情结；独树一帜的照明设计与商品展示艺术，对顾客具有一种强烈的诱惑力。

重视照明设计，就是重视商品的推销，在激烈的市场竞争中，它是不可缺少的基本功。商家在展示商品的同时，也在展示照明师的艺术灵感，从而培养、唤醒顾客的购买欲望。

推销商品的手段是千变万化、灵巧多样的。假如你去商业街浏览一遍就能看到，多种戏剧性的场景，设计极富文化内涵，或有趣、或浪漫、或温馨、或幽雅……照明设计师令人耳目一新的细部处理，会让你兴奋得拍案叫绝，也最令顾客动情动心。

所以说，照明设计与展示设计的技巧是源于对时尚语言的敏感而作出的快速反应，是一种灵感的勃发。

商业街商品竞争的优势则可能源于一个不同凡响的环境设计，通过精心策划的灯光表现和商品照明处理，而塑造出的崭新的商业形象。

商业街灯光环境揭示了当代商业街专业照明设计师职能的内涵：让商家在照明艺术塑造的优雅环境中，创造更高的销售业绩；让商业街的商品，闪烁出诱人的光点，从而使其商业价值步步攀升。

1.4 商业街灯光环境设计的作用

商业街的建设是伴随着社会政治、经济、文化和科学技术的进步而不断发展的。在城市建设中，无论是大城市还是中、小城市，商业街总是一个主要吸引点。所以，夜景可以提高城市的环境质量、美化景观形象和促进经济发展。同时，夜景还可以展示商业街本身乃至整个城市的建筑特色，体现该城市的政治经济面貌和科学技术水平，并展现城市风貌的综合实力。

国际照明委员会（CIE）第4部分TC4-03技术委员会编写的CIE第92号出版物《都市城区照明指南》中指出：搞好城市区域和商业街照明，具有三大显著的作用。

1.4.1 减少犯罪率，确保商店、顾客的人身财产安全，促进社会治安的好转

资料表明：英国布来顿等地，1973～1974年因能源危机，政府减少城市照明用电，降低市内道路照明，导致犯罪数量上升。其中，入室行窃案增加65%，商店行窃案增加66%，汽车被窃案增加13%，盗窃商亭、货摊案增加65%，盗窃行人钱物案增加25%。

法国类似的调查，也证明照明与犯罪之间有着密切的关系。有人在法国里昂进行了10个月的调研，分析了173起夜间盗窃事件，结果表明：40.5%发生在照度只有0～5lx的地段；32.4%发生在照度为10lx地段；只有2.8%发生在照度为20lx或大于20lx的地段。另外在巴黎组织的一次历时9年，采样达5200次的事故研究项目表明：在照度设施改进后，行人严重受伤事故降低了18%。

在美国，由于改善公共照明，纽约市内公园的犯罪率下降了50%至80%；底特律的街道犯罪率下降了30%；圣路易斯市偷车案下降了29%，商业街的夜间盗窃案下降了13%；亚特兰大商业中心区的14条商业街的各类犯罪案件下降了15%。

从以上数据可以看出：

1. 犯罪与暴力案件和黑暗（照明不好或无照明）有内在联系。
2. 城市街区照明有效地抑制了破坏犯罪行为。
3. 城市街区照明的改善，大大提高了行人和司机远距离的能见度，有利于防范潜在的危险，也有利于执法人员执行公务，预测和分析犯罪

的动机及倾向。

4.良好的城市街区照明，大大增强了居民、道路工作人员和行人的安全感。

1.4.2 减少商业街及其周边的交通安全事故

据CIE1992年出版的第93号出版物《对付交通事故的道路照明》一文介绍，夜间在市内街区、商业街、住宅区道路、火车站入口、公共汽车站等地，因人多路窄，以致行人特别是老人和儿童常出现交通事故。改善城区道路照明后，在城区道路上发生的交通事故明显减少，在英国减少了23%～45%；在瑞士减少了36%；在澳大利亚减少了21%～57%。

1.4.3 改善街区的环境形象

良好的商业街照明，可为商业街自身和周边环境增加活力，给市民也增加了自豪感。毫无疑问，同时也给游客描绘了商业街优美动人的富有地方特色的夜景彩图。夜景照明使人们感到在商业街购物与观光，是一种人生的享受，是一种舒适的充满情趣的夜生活。

总而言之，商业街的夜景照明，不仅可减少犯罪和交通事故，确保店主和顾客以及观光者的生命财产安全，而且可以增强商业街内在的魅力，吸引游人，提高商品销售额，直接推动市场经济的发展。

第2章 商业街灯光环境发展状况

2.1 夜市照明发展的脉络

光源的演变与发展史,是一部人类对于光的利用的历史。以燃烧燃料为使用方式的灯,伴随着人类走过了漫漫的历史长河。

人类最初实现夜间照明的光源是火。火,不仅可以照明、取暖和驱走猛兽,更重要的是使人获得熟食,扩大了食物选择的范围。长期对火的利用,使人类发明了"制陶"、"冶炼"技术,从此人类的生产与生活方式发生了根本的变化。

约从5000年前起,我国从母系氏族公社进入到父系氏族公社时期,劳动工具不断改进,种植技术逐步提高,燃烧燃料照明,早在我国原始社会就普遍运用并创造了灿烂的原始"彩陶文化"和"黑陶文化"。

公元前21世纪左右,我国原始社会解体,进入到阶级的奴隶社会,建立了夏朝。公元前16世纪商族首领汤把夏桀打败,建立了商朝,定都于亳(今河南商丘),城市出现了。根据当时剩余产品交换的需要,出现了"松枝点灯,亮满亳州"的盛况,这大概就是文字记载的最早的原始城市照明的雏形。

夜市的出现,是古代商品扩大化的必然结果。真正意义上的夜市,始于东汉时期,当时东汉一些城市打破官署的禁锢,兴起了"夜籴"。这就是夜市最初的萌芽。北宋建都汴梁(今开封)后,夜市发展到全国;到了南宋吴自牧《梦梁录》记有临安(今杭州)夜市"买卖昼夜不绝,夜交三四鼓,游人始稀;五更钟鸣,卖早市者又开店"的写照;到了清末,成都的夜市仍很繁荣,自盐市口至城守东大街一段,各大商店关门收市以后,台阶上、屋檐下接着"遍设摊肆,点起马灯、油壶照明,游人摩肩接踵,往来如织";到了近代,时间延长到后半夜,地盘扩展到提督东街、总府街等,性质也由以游乐为主转为以贸易为主。

从古代夜市中对灯具演变的考察中发现:夜市照明,走过了一段松条灯、揽把灯、清油灯、煤油灯、烛光灯、手提马灯的发展之路。20世纪初时,出现了汽灯。

2.2 国内外夜景照明概况

城市夜景照明,最初起源于法国。路易十四时代,临街建筑物窗户,要求晚间九时以后点灯。1558年,巴黎首先把以松脂为燃料的灯设于街道,从此,街道照明出现了。1667年,巴黎冬季在街道上安装油灯。1842年,巴黎把电弧灯应用于街道、戏院、工厂、灯塔等地方。巴黎电弧灯的出现,使人类社会照明开始步入崭新的发展时期。现在欧洲古老的街上,仍然保存有造型优美的铸铁街灯。在巴黎,游人夜间可以参观圣母院、市政厅、歌剧院、卢浮宫等地的古建筑和纪念性建筑、喷泉、庭园、桥梁、街道……所有这些景点都设置照明,为游人提供了视觉条件,充分领略巴黎的夜间风光。

在英国,伦敦从20世纪30年代开始,就对纪念碑、宫殿、博物馆、图书馆等重要场所进行夜间照明。20世纪70年代,伦敦编制出城市照明规划,成为世界上城市夜景照明的范例。

在美国,房地产开发商发现,良好的户外照明、建筑照明可以使其房产更具有吸引力。从某种意义上讲,居民对经济的复苏更有信心,刺激了居民投资房产的欲望。20世纪80年代以后,人们对夜生活的需求比以往强烈得多,不仅是购物,更多的是放松、消遣、交流。调查表明,良好的城市夜景观照明使犯罪率和交通事故大大降低,也只有在居民对其所处环境感到安全舒适时,公众才有兴趣参与各种夜生活。许多照明设施与雕塑、小品等结合起来,使其夜间的表现力更加丰富;采用彩色滤光镜、计算机控制等手段,使夜景观可随季节的转换、节假日的特殊需求而变化,加强了夜间感召力。

在日本,政府早期曾经对闹市和高速公路的夜晚空间环境很重视,而对居住区和公园的夜间环境却显得投入不足,对古建筑也没有进行考虑。这是功能主义对规划指导思想影响的结果。20世纪80年代以来，随着日本国民经济的迅速发展，东京等大城市的国际化，居民对夜生活兴趣的提高，夜景观的发展很快。最近几年，日本政府拟对有特色的古建筑、公共建筑、住宅、广场等与市民生活关系密切的场所进行夜景观设计，并倡议限制商业区的过度照明，避免过多使用闪烁的霓虹灯，使人产生不舒适感，损害夜间城市环境。

现在夜景照明在欧洲已非常普遍，城市夜景照明设计，已成为一种新兴的高尚的职业，并造就了具备相当艺术水平的夜景观照明设计队伍；发展中国家的夜景工程建设势头也十分迅猛，大有后来居上之势，出现的精品层出不穷，并且积累了许多宝贵的经验。整个夜景世界，已越来越美。

在我国，与发达国家相比，夜景照明的发展相对滞后。由于种种历史的原因，我国城市夜景起步较晚。改革开放以前，只有少数重点工程，如北京国庆十大工程、长安街、上海外滩、南京路以及南京长江大桥等考虑了夜景照明，但其方式几乎都是用白炽灯勾勒建筑轮廓或用霓虹灯照明，手法较为单调。

改革开放以后，上海率先在外滩和南京路进行了夜景照明的改造和建设。

继上海之后，北京、南京、天津、广州、重庆以及一些沿海开放城市，特别是深圳、珠海、大连和海口等市的夜景照明得到了迅猛的发展，并积累了不少宝贵的经验。照明方式由过去的单一串灯或霓虹灯发展为串灯勾边、泛光灯、霓虹灯、内透光灯、动态照明灯以及各种装饰性照明灯箱等多种照明方式；又如从过去单个建筑的夜景照明，发展为成片建筑的景区（点）夜景照明；再如从过去的只有节日才开夜景照明灯发展成为不少建筑平时或双休日也开夜景照明灯，而且色彩也丰富了许多，使我国城市夜景照明的发展进入了一个新的阶段。尽管我国近十多年的夜景观照明发展十分迅猛，但与发达国家相比，还有一些差距。

2.3 国内商业街灯光环境现状

由于历史的原因，我国城市灯光环境规划设计起步较晚。改革开放以后，上海率先在外滩和南京路进行了灯光工程的改造和建设，在全国影响深远。接着北京、天津、沈阳、哈尔滨和沿海开放城市都起而仿效，特别是深圳、珠海和海口等开放城市，在灯光环境建设方面，取得了迅速而有效的发展，并积累了很多宝贵的经验。

由于全国各地经济发展不平衡，对于商业街灯光环境的建设，很多地方未能引起足够的重视，概括起来，具体表现在如下几个方面：

（1）组织机构不健全。商业街灯光环境建设，是城市灯光环境建设的一个有机的组成部分，是整个城市灯光环境建设中的子系统。要实现商业街夜景照明发展规划的目标，就必须有一个有权威的集中统一的灯光建设管理部门，负责商业街灯光环境的规划建设与维修监督，确保灯光环境建设的高水平与高质量。

（2）缺乏总体规划与建设计划。搞好商业街灯光环境的建设，首先要考虑的是总体规划。商业街灯光工程是在总体规划的基础上，按照自身的特色形成与之相适应的风格，才能避免景观工程的投资主体，一定要避免以往的临时性做法，而是把商业街的照明工程列入城市基础设施规划的内容，实现统一的综合效率。

（3）缺乏统一协调管理。由市政部门实施的商业街照明工程，其起闭时间由政府规定，市路灯管理处负责实施。夜景设施本来在维修方面可以得到基本保证，可是由于各企事业单位自选设置，随心所欲，维修又不及时，夜景照明成为夜景污染的现象时有发生。

（4）很多城市的商业街照明没有统一的规划，照明的单位各自为政，造成该亮的不太亮，不该亮的反而非常亮，总体效果不好，更谈不上有什么特色。同时，照明的方法也很简单，单一化的情况非常突出。不仅是浪费了能源，而且使一些艺术价值很高的建筑，因用光不当而大失光彩。

（5）夜景照明缺少统一标准和依据。在当前尚未制定照明标准的情况下，应参照CIE的技术文件进行照明设计，不同建筑和不同环境亮度下的夜景照明都是有标准可依的，并不是越亮越好。

（6）不少城市商业街照明对彩色光的使用很不协调，特别是对一些具有重要意义的建筑，因色光使用不当，给观众留下了不好的印象。

（7）灯光隐蔽性差是一个较普遍的问题。相当数量的泛光灯都装在灯架上照射，灯具全露，灯架也不考虑造型，加工粗糙。灯架的颜色与建筑也不协调，照明设施成了白天的景观垃圾，夜间照明时眩光也很严重，给人带来不适的感觉。

（8）照明光源、灯具和附属设备品种不全，质量有待进一步提高。更值得一提的是能源浪费严重。不少玻璃幕墙建筑也用泛光灯照射，这不仅是对能源的浪费，而且给室内人员造成不良的灯光干扰，甚至成了交通隐患。

（9）缺乏对新产品的认识、了解和应用。时代天天进步，照明技术也在日日提高。越来越好的灯饰产品不断出现，而且层出不穷。光纤技术、导光管、激光技术、发光二极管技术、变色霓虹灯技术、LED半导管技术、体发亮的发光材料、高空灯球技术以及相应的计算机控制技术，在多项夜景照明中的应用越来越广泛。然而，在许多城市的商业街的照明中，却很少使用这些技术，或者应用不当造成极差的效果。

（10）商业街的建设资金缺乏保障。商业街照明工程建设需要投入一笔可观的资金，同时维护照明工程的正常运行。照明工程还必须有足够的维修费和电费，缺乏资金保障，商业街的优势照明就很难实现，照明效果也就难以得到保障。维修管理也是一个突出的问题，不少商业街照明设备因灯位选择不当，以致无法维修，后果可以想像。

第二篇 商业街环境照明基础

第3章 基础光学知识

3.1 光与人的视觉

光被照射到的物体反射后刺激人的视觉系统，产生了视觉。产生视觉是进行夜景照明的最终目的，其效果直接决定着夜景照明的质量，并且影响了大多数人的夜心理与夜行为，了解人的视觉产生规律是获得良好夜景照明与夜景观的前提。

3.1.1 明视觉与暗视觉

人体眼球的视网膜上分布着两种感光细胞：杆状细胞和锥状细胞。这两种细胞对光的感受不同。杆状细胞对光的感受性很高，而锥状细胞对光的感受性很低。但是杆状细胞不能分辨颜色，只有当锥状细胞感受到光的刺激时才有色觉。杆状细胞和锥状细胞的不同特性形成了眼睛的两种视觉：明视觉与暗视觉。在照度较高的条件上，眼睛处于明视觉状态，锥状细胞工作，有丰富的色感；而在低照度下，眼睛处于暗视觉状态，杆状细胞工作，能感受极微弱的光，但物体看上去却是灰蒙蒙的。

夜晚，人的眼睛一般处于暗视觉状态，所以，如果要在夜晚突出建筑物的精彩部位或者景观的高潮，最好使用人眼对其视觉灵敏度高的光线。人眼在明视觉与暗视觉状态下对光的视觉灵敏度是不一样的，而且在可见光谱范围内的视觉灵敏度也不均匀，它随波长而变化，呈抛物线状。

3.1.2 眩光产生的因素与防范

我们都曾有过眩光的体会。眩光是由于视野内有亮度极高的物体或强烈的亮度对比而引起的不舒适或造成视觉降低的现象。如果眩光现象发生在室内，会影响人们的学习与工作效率。但如果眩光现象发生在室外，轻则会影响人们的观赏活动，重则会引起交通事故的发生。

产生眩光的因素主要有：

(1) 光源的亮度——亮度越高，眩光越显著；

(2) 光源的位置——越接近实体，眩光越显著；

(3) 周围的环境——环境亮度越暗，眼睛的适应越低，眩光越显著。

商业性质的场所由于橱窗广告及发光性的设施小品较多,在夜晚环境中亮度相对较高.产生眩光的原因主要是由光源的不合理定位造成的，投射灯具发出的光线出现在人们的普通视域之内，人们无意间回眸或侧视中遇到强烈的灯光而引起眩光。在许多场所中，最易引发眩光的灯具主要是泛光投射灯具。这种灯具具有镜面抛光的反光罩，采用高强气体放电光源，光效高，照射面大，一般搁置在低矮处，自下而上发光投射到被照物体的表面完成照明。合理的设计投光灯具的投射角度与安放位置，是避免产生眩光的重要手段。

而在环境亮度不需要很高的场所，如：居住区、校园、次要街区、街道……应避免使用高照度的光源，以免产生失能性眩光而引发交通事故。为保证场所具有足够的照度，可适量增加光源的数量。

3.2 灯光的表现基础

3.2.1 光通量

光源在单位时间内向周围空间辐射出去的并使人眼产生光感的能量，称为光通量，用符号 Φ 表示，单位为 lm（流明）。

由于人眼对黄绿光最敏感，因此在光学中以黄、绿为基准做这样的规定：当发出波长为555nm黄绿光的单色光源时，若辐射功率为1W，则它发出的光通量为680lm。

3.2.2 发光强度

光源在空间某一方向上的光通量的空间密度，称为光源在这一方向上的发光强度，以符号 I 表示，单位为cd（坎德拉）。发光强度定义为

$$I_\theta = \frac{\Phi}{W} \tag{3-1}$$

式中 I_θ——光源在 θ 方向上的光强（cd）；

Φ——球面A接受的光通量（lm）；

w——球面对应的立体角（sr）。

发光强度1cd表示1sr（球面度）立体角内均发出1lm的光通量，即

$$1cd = \frac{1lm}{1sr} \tag{3-2}$$

用极光标志表示光源在各方向上发光强度的曲线，称为配光曲线。如图3-1所示。

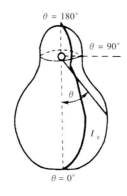
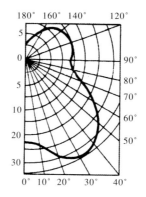

图3-1　发光强度的空间分布和配光曲线

3.2.3 照度

被照面单位面积上接受的光通量称为被照面的照度。照度用符号 E 表示，单位为lx（勒克斯）。照度可表示为：

$$E = \frac{\Phi}{A} \tag{3-3}$$

式中 E——被照面上的照度（lx）；

Φ——A面积上接受的光通量（lm）；

A——接受光通量的面积（m²）。

当光源的直径小于它至被照面距离的1/5时，可把光源视为点光源。

点光源发光强度与照度的关系可推导如下。图3-2中，面 A_1、A_2、A_3 与点光源O的距离分别为 r_1、r_2、r_3，从图中看出，它们的立体角相

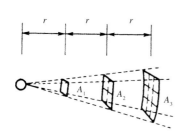

(a) 光线垂直入射到被照面

图3-2　点光源发光强度与照度的关系

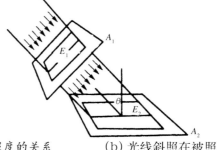

(b) 光线斜照在被照面

等，面积比为1:4:9。若点光源在图示方向上的发光强度为 I_θ。因为这三块面积的立体角相同，所以落在这三块面积上的光通量也相同。但因面积不同，其照度就有所不同。由此可得：

$$E = \frac{\Phi}{A} = \frac{I_\theta w}{A} = \frac{I_\theta A/r^2}{A} = \frac{I_\theta}{r^2}$$

(3-4)

式中说明，表面照度 E 与点光源在这个方向上的光强 I_θ 成正比，与它至光源的距离 r 的平方成反比。这称为距离平方反比定律。

当光线入射到被照面 A_2 时（图 3-2(b)），光线的入射角不为零。光线与被照面的法线成 θ 角，而与面 A_1 的法线重合。此时有：

$$A_1 E_1 = A_2 E_2$$

(3-5)

且 $A_2 = \dfrac{A_1}{\cos\theta}$

(3-6)

因此有 $E_2 = E_1 \cos\theta$

(3-7)

已知 $E_1 = I_\theta / r^2$ 所以

$$E_2 = \frac{I_\theta}{r^2}\cos\theta$$

(3-8)

式中说明，光线斜入射时，被照面的照度与光源在这个方向上的光强 I_θ 和入射角 θ 的余弦成正比，与它至光源距离的平方成反比。

各种照明种类、光源种类与对应的计算方法见图 3-3。

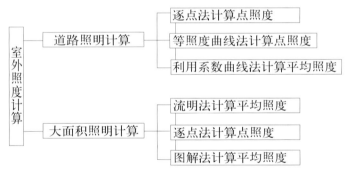

图 3-3　照明种类、光源种类与对应的计算方法图示

3.2.4　亮度

发光体在视线方向单位投影面积上的发光强度，称为该发光体表面的亮度，见图 3-4，以符号 L 表示，单位为 cd/m^2。

$$L = \frac{I_\theta}{A\cos\theta}$$

(3-9)

式中　L_θ——发光体沿 θ 方向的表面亮度（cd/m^2）；

I_θ——发光体沿 θ 方向的发光强度（cd）；

$A\cos\theta$——发光体视线方向上的投影面（m^2）。

各种发光体的亮度见表 3-1。

对一次光源和被照物体，亮度的定义是同等适用的。亮度直接影响人的主观感觉。例如，在同等照度下放置一个白色物体和一个黑色物体，人会感觉到白色物体亮，因为物体表面的照度不能直接反映人眼对它的视觉感受。人眼的视觉感受由被视物体发出的和反射的光在视网膜上形成的照度而产生。视网膜上的照度越高，人就感到越亮。

3.3　电光源

在进行商业街灯光环境设计时，必须掌握一些电光源知识，此节仅就常用电光源作简要介绍。

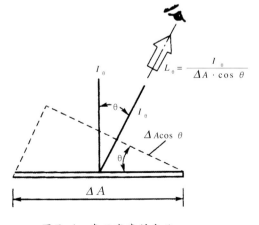

图 3-4　表面亮度的定义

发光体的亮度　表 3-1

发光体	亮度（cd/m²）
太阳表面（通过大气观察）	1.47×10^9
微阴的天空	5.6×10^3
太阳直射的绝对白表面	3×10^4
充气钨丝灯	1.4×10^7
40W 荧光灯	5.4×10^9
电视屏幕	170～350
照相馆照度为 30lx 的白色物体	10

3.3.1　白炽灯

白炽灯是最早商品化的灯，它通过给钨丝通以电流而发出白色的炽热光。其价格低，寿命颇短，效率也较低。白炽灯 90% 的能量没有转换成光，而是以热的形式散发了。但是，白炽灯的特点是显色性好，适应面宽，可以调光，可以经常开关，为动感照明提供了可能性。白炽灯的灯泡可以做成无色或彩色，适于装饰照明。白炽灯常用于轮廓照明、灯串、水下照明等。

3.3.2　卤钨灯

卤钨灯属老式的白炽钨丝灯的改进型。在玻璃壳中加进了少量的卤素，以助于钨气循环回到灯丝上，从而延长灯的寿命。

卤钨灯在夜景照明中常用于小功率投光灯。

3.3.3　密封光束灯泡（PAR 灯）

此种灯的泡壳是由厚玻璃制成的，内壁镀银，前面是平面棱镜面的透明玻璃。它是抛物线形镀铝反射灯的简称。灯的镀铝玻璃后表面起到自身的反射镜的作用，从而产生封闭式光束。采用这种光学系统可取消装在外面的反射器。灯泡的光束角在 6°～12°，灯是防雨和防水的。彩色 PAR 灯用彩色（蓝、绿、黄、红）玻璃制造。灯的功率一般在 150W 以下，国外产品也有大功率的，寿命为 2000h。数字（PAR56、PAR38 等）代表灯的前表面的尺寸。

3.3.4　霓虹灯

这是一种冷阴极放电灯，有各种颜色，并可根据用户要求做成各种图案或文字。灯的光效低，但寿命长。能频繁开关，迅速点亮而不影响寿命，可做成动态装饰照明。

霓虹灯用电感式变压器升压点亮，每 12m 灯管的可视功率约为 450VA，功率因数为 0.5～0.6；采用电子升压变压器，点亮时每 10～12m 灯管功率约为 160W，功率因数大于 0.92，节能 65%。灯管颜色有红、蓝、黄、橘黄、粉红等颜色。

3.3.5　高压汞灯

高压汞灯属于高压汞蒸气放电灯，有两类灯泡：一种是透明玻璃壳高压汞灯；一种是在玻璃壳内涂荧光粉的荧光高压汞灯。高压汞灯寿命较长，效率较高，不可立即点燃，点燃至稳定状态所需时间较长，约为 4min，重复点燃时间约为 10min。因此不能用于动感照明。

由于高压汞灯的蓝绿光较丰富，常使用于水池和树木植物的投光照明。荧光高压汞灯适于大面积场所照明，而不适于窄光束投光照明，因为荧光粉涂敷后灯泡变为漫射球形灯泡，光束很难集中在小范围内。

3.3.6　金属卤化物灯

金属卤化物灯内含有汞蒸气和不同的金属卤化物添加剂，这是一种放电灯，通过在放电气体中混入稀有金属卤化物以产生"白"光。光效为 50～100lm/W，色温为 3000～6000K，显色指数 65～90，寿命可为 10000h，灯泡功率范围 50～3500W。因为这种灯启动或再启动都需要时间，所以不能用于动感照明。

此种灯被广泛用于室外泛光照明。此外还有彩色金卤灯，为绿色（碘化铊灯）、蓝色（碘化铟灯）、红色（碘化锂灯）、紫色（碘化钨灯）等。彩色灯的国产灯泡寿命较低，色纯度差，功率小于1000W。

彩色金卤灯广泛用于泛光照明，一般作为装饰和点缀之用，不宜大面积采用。

3.3.7 高压钠灯

这是一种金黄色的高强气体放电灯，色温为2000K，光效很高，约为90～130lm/W，显色性差，平均显色指数只有25。还有一种改善光色的高压钠灯（NGX型灯），它的显色性有所改善，可达60。钠灯寿命为10000h以上。美国GE公司的钠灯寿命高达28000h。

由于高压钠灯是黄色光，在夜景照明中应用广泛，特别对于暖色调的建筑物十分适合，如用于蓝色、褐色等建筑的立面照明。它不适用于绿色植物照明，也不能用于动感照明。

3.3.8 低压钠灯

低压钠灯是单色光源，比高压钠灯还要黄，其色温为1700K，光效很高，达200lm/W，寿命长。因为是单色光，所以不宜用显色指数说明显色性。

低压钠灯只能用于特殊的光照场合，如黄色、橙色表面照明、轮廓照明，或用作重点照明，例如一些拱顶、桥、拱门之类的建构筑物。

另外，随着科学技术的不断进步和发展，许多新型的光源产品也不断开发出来，诸如冷极管、镁氖管、T5管、光纤、LED（光纤与LED的光源特性在第9章中有详细介绍）、微波硫灯等等，这些光源产品的出现，广泛用于现代的装饰照明之中，给城市建设增加了无穷的魅力。

3.4 光色及其彩色光的应用

3.4.1 光色

光色由以下内容组成：(1)光源色。由光源发出的光所显示出的色称为光源色。(2)显色性。显色性是指在光源照明的条件下，与作为标准光源的照明相比较，各种颜色在视觉上的失真程度。光源的显色性一般用显色指数Ra表示，特殊的显色指数用Ri表示。标准光源一般用日光或近似日光的人工光源。(3)一般显色指数Ra。由于人类长期在日光下生活，习惯以日光的光谱成分和能量为基准来分辨颜色，所以在显色性测定中，将日光和接近日光的人工标准光源的一般显色指数定为100。对同一物体，在被测光照射下呈现的颜色与标准光源的光照射下呈现的颜色的一致程度越高，Ra越大，显色性越好；反之，显色性越差。(4)色温，在黑体辐射时，随温度的不同，光的颜色也不相同。人们由黑体加热到不同温度时所反射的不同颜色表达一个光源的光色，叫做光源的色温。色温以绝对温标K为单位表示。(5)相关色温，某些光源（如气体放电灯）的色度坐标不一定落在黑体轨迹上，而是落在黑体轨迹附近。此时，光源的色温由相关色温决定。相关色温，即该光源的色度与某一温度下完全辐射体（黑体）的色度最接近或差距最小时的辐射体温度。

合适的颜色是采用具有适合光谱的光源或采用几种光源混合照明而获得的。电气照明的光色特性对视觉工作有很大影响。物体正常的颜色是在日光色的情况下显现出来的。

光对人有一定的生理作用，心理作用和其他作用。

(1)光色的物理效果

物体的颜色与环境的颜色相混杂，可能相互协调、排斥、混合或反射，结果便影响了人们的视觉效果，使物体的大小、形状等在主观感觉中发生各种变化。这种主观感觉的变化，可以用物理量来表示，如温度感、重量感和距离感等，称为色彩的物理效果。

(2)光色的心理效果

色彩的心理效果主要表现为两个方面：一是悦目性、二是情感性。所谓悦目性就是它可以给人以美感；所谓情感性说明它能影响人的情绪、引起联想，乃至具有象征的作用。

不同年龄、性别、民族、职业的人，对于色彩的好恶是不同的；在不同时期内，人们喜欢的色彩，其基本倾向亦不同。所谓流行色，表明当时色彩流行的总趋势。

(3) 光色的生理效果

色彩的生理效果首先在于对视觉本身的影响。也就是由于颜色的刺激而引起视觉变化的适应性问题。正确地运用色彩将有益于身心的健康。例如红色能刺激和兴奋神经系统、加速血液循环，但长时间接触红色则会使人感到疲劳，甚至出现精疲力尽的感觉。绿色有助于消化和镇静，能促使身心平衡。蓝色能使人沉静，帮助人们消除紧张情绪，形成使人感到幽雅、宁静的气氛。

(4) 光色的标志作用

色彩的标志作用主要体现在安全标志、管道识别、空间导向和空间识别等方面。例如，用红色表示防火、停止、禁止和高度危险。用绿色表示安全、进行、通过和卫生等。

3.4.2 光源显色性

(1) 显色指数 Ra

CIE 推荐，可在给定光源与参考照明光源相对照射下看孟塞尔试验色样，用所得的色偏移测量和规定光源的显色性能。

将参考光源显色指数定为100，被试光源的指数 Ra 偏离参考光源愈远，显色指数愈小。Ra 称为一般显色指数或平均显色指数。它由选出的 8 种试验色（R1~R8）平均偏移确定。这 8 种试验色的色相、照度、彩度（HVC）分别为 7.5R6/4、5Y6/4、5GY6/8、2.5G6/6、10BG6/4、5PB6/8、2.5P6/8 和 10P6/8。将被试光和标准光进行比较，并测出被试光源的光谱功率分布，计算出 8 种色光的色差希 E，求出平均值 $\overline{\Delta Ea}$，并按下式求出：

$$Ra=100-4.6\overline{\Delta Ea} \tag{3-10}$$

还有另外一组(共 6 种)颜色样品 R9~R14。每种试验色都有单独的显色指数。在 R9~R14 中或 R1~R8 中选出一种或数种作为一般显色指数的补充来评价光源的显色性，称为特殊试验色光的显色性。与上式类似，将特殊色光与基准光源的色光进行计算，求出该色光的色差 ΔEi，从而求出特殊色光的显色指数。

$$Ri=100-4.4\Delta Ei \tag{3-11}$$

作为参考的标准光源应与被试光源色温相同或非常接近，在5000K及5000K以下光源的参考标准光源应为普朗克辐射体(指色温为2856K或称 A 光源)。5000K以下的参数照明体为标准昼光 D 照明体(相关色温为6504K)。

(2) 国家标准对显色性的要求

我国标准尽量向 CIE 靠拢，一般将显色性分为四级，但规定得不够具体。实际设计中可根据现场调查，对应所需的等级进行分类和作为光源选择的依据。

在选择光源的显色指标时，可按表3-2进行。如果采用单一光源达不到要求的显色性时，也可采用两种以上光源的混光达到显示指标。由于光混合时必须共同作用到被照物体才能达到共同显色的目的，所以要求混光均匀，不能造成两种光的光斑分离。一般就选用专门设计的混光灯具。若把两种光源分开间隔布置就会失去混光意义。

光对颜色的影响，眼睛中有两种细胞：一种是柱状细胞，对弱光和弱光中的活动起作用；另一种是锥状细胞，对亮光和亮光中的活动起作用，还对颜色起作用。光源显色指数与相对照度系数的关系，见表3-3。

在视网膜中央窝上的基本是锥体细胞。这些细胞不仅能分辨物体细节，而且能分辨颜色，称为明视觉。在视网膜边缘的是棒状细胞，它特别适于在夜间微光中搜寻物体。在完全暗的情况下，眼睛失去了颜色感觉，因为锥体细胞停止了工作。

(3) 颜色的心理功能，颜色对人的主观作用十分强烈，因而可利用颜色的这种功能创造出不同的效果，以满足现实生活的需要。①色的冷暖感，这种感觉决定于色相。如红色为暖色，蓝色为冷色；低色温的为暖色调，高色温的光为冷色调；彩度高的光也为暖色调。②色的轻重感觉决定照度和彩度。明亮的感到轻，暗的感到重，而色相和彩度对轻重感几乎没有影响。③色的软硬感，这种感觉决定照度和彩度。人对明亮的微弱浊色感到软；对暗的清色及浊色感到硬。④色的强弱感，这种感觉也决定于照度和彩度。颜色鲜艳时，亮度暗的感到强；颜色是浊色时，

各类光源的显色指标　　表3-2

光源	Ra	光源	Ra
白炽灯、卤钨灯	95～99	GGY+NG　0.4～0.6	40～50
荧光灯	70～80	GGY+NGX　0.4～0.6	40～60
紧凑型荧光灯	85以上	KNG+NG　0.3～0.5	40～60
荧光高压汞灯（GGY）	30～40	KNG+NG　0.5～0.8	60～70
高压钠灯（NG）	23～25	GGY+NGX　0.3～0.4	60～70
显色改进型高压钠灯（NGX）	60	DDG+NG　0.3～0.6	60～80
高显色高压钠灯（NGG）	70	KNG+NGX　0.4～0.6	70～80
镝灯（DDG）	75	DDG+NGX　0.4～0.6	≥80
钪钠灯（KNG）	60	ZJD+NGX　0.4～0.6	70～80
高光效金属卤素灯（ZJD）	65	ZJD+NG　0.3～0.4	40～50

注：①混光照明的比例表示前一种光源占总光通的比例，并且不推荐使用。
②体育照明目前已有Ra>90的金卤灯，如GE、欧司朗、飞利浦的光源。

光源显色指数与相对照度系数的关系　　表3-3

相对照度系数　照度（lx）　显色指数	300≤E≤500	E<300
80>Ra≥60	1.20	1.25
60>Ra≥40	1.30	1.40

亮度高的感到弱。⑤色的明快与阴沉感，重要因素是明度和彩度。明亮和鲜艳的颜色使人感到明快，暗淡的浊色使人感到阴沉。⑥色的兴奋与沉静感，兴奋与沉静感与色相、照度、彩度有关，特别是彩度。暖颜色和鲜艳颜色使人兴奋，冷色和暗的浊色使人沉静。

3.4.3　光色和显色性及其应用

光的颜色和显色性在照明工程中十分重要，光的颜色特性主要表现在光的色表和显色能力两个方面。光辐射由许多光谱辐射组成。光谱成分越重，光的色表和显色性能越完善。但两种光谱成分不同的光可以有相同的色表，而显色性却可能差别很大。因此，不能根据光的颜色确定其显色性能。

光源的色表：

①用CIE1931色度图表表示光源的颜色。

CIE1931色度图是用数字方法计算光的颜色。任何一种颜色都能用两个色坐标在色度图上表示出来。其根据是，任何一种光的颜色都能用红、绿、蓝三原色光合成出来。三原色光也叫"标准色度观察者光谱三刺激值"，用符号$X(\lambda)$、$Y(\lambda)$、$Z(\lambda)$表示。它们是三条相对灵敏度曲线，代表各种波长线光谱色所需要的红、绿、蓝三原色的量。从三刺激值可以进一步求出任何一种光源色的颜色三刺激值，用X、Y、Z表示。这些量与三个灵敏度曲线及光源的光谱功率分布有关。

在色度图中X、Y、Z用相对值表示，显然有

$$X+Y+Z=1 \tag{3-12}$$

例如100W白炽灯的X=0.453,Y=0.403,Z=0.144；日光色荧光灯的X=0.313,Y=0.324,Z=0.363。

CIE1931色度图如图3-5所示。它基本上是一个三角形，周边线表示光谱色，中间黑线是完全辐射体的轨迹，即表示黑体的色度和温度的关系。

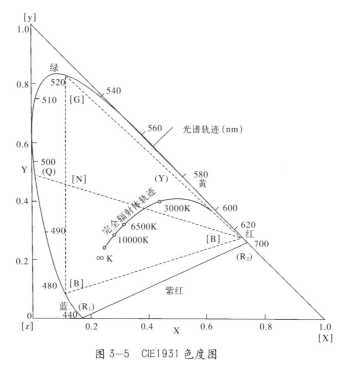

图3-5 CIE1931色度图

② 用色温表示光源的色表

白炽灯在低电压下发出类似蜡烛的红光，随电压升高逐渐变为白光。因此，白炽灯光源的色度表可以用色温 T_c 表示。当热辐射光源（如白炽灯、卤钨灯）的光谱与加热到温度为 T_c 的黑体发出的光谱相似时，温度 T_c 就称为该光源的色温。

非完全辐射体光源的色度图不在黑体轨迹线上，而在轨迹附近，其色温可以用"相关色温"表示。相关色温的概念仅对光谱能量分布和与完全辐射体近似的光源才有意义。

低色温光源发出红色、黄色光，高色温发白光、蓝光。色温与光的颜色关系及各种光源的色温见表3-4及表3-5。

③光源色表的属性及色表的应用

光源色温不同，给人的感觉也不同。低色温有暖的感觉。如红色和橙色光使人联想到火，白光和蓝光使人联想到水。CIE把灯光的色表分成三类，见表3-6。

色温与光的颜色的关系　　表3-4

黑体辐射温度（K）	光谱功率辐射颜色	备注
800~900	红色	无实用价值
3000	黄白色	比白炽灯色温高，比卤钨灯色温低
5000	白色	气体放电灯
8000~10000	淡蓝色	无实用价值

各种光源的色温度　表3-5

光源	色温（K）	光源	色温(K)
太阳光（大气外）	6500	钨丝白炽灯（1000W）	2920
太阳（在地表面）	4000～5000	荧光灯（昼光色）	6500
蓝色天空	18000～22000	荧光灯（白色）	4500
月亮	4125	荧光灯（暖白色）	3500
蜡烛	1925	荧光高压汞灯	5500
弧光灯	3780	高光效金属卤化物灯	4300
钨丝白炽灯（100W）	2740	钪钠灯	3800～4200
镝灯	5000～7000	卤钨灯	3000～3200
钠灯铟灯	4200～5500	低压卤钨灯	3000～3200
高压钠灯	2100		2700～2800
显色改进型高压钠灯	2300	紧凑型荧光灯	6500
白炽灯	2700～2900		

灯的色表分组　表3-6

色表分组	色表	相关色温（K）
1	暖	3300以下
2	中间	3300～5300
3	冷	5300以上

照度、色温与感觉的关系　表3-7

照度（lx）	光源色的感觉		
	暖色	中间色	冷色
≤500	愉快的	中间的	冷的
500～1000	↑	↑	↑
1000～2000	刺激的	愉快的	中间的
2000～3000	↓	↓	↓
≥3000	不自然	刺激的	愉快的

人对光色的爱好与照度水平有关，1941年法国光吕道夫定量提出光色舒适区的范围，后人研究进一步证实了他的结论。

光吕道夫提出第一个准则是，为了显示所示对象的正常颜色，应当根据不同照度选用不同颜色的光源。低照度时采用暖色；高照度时采用冷色。例如，低照度下用粉红、浅橙或淡黄色等暖色调的光，人的肤色显得"温和"自然，而用冷色调会使人的肤色苍白可怕。在高照度下采用近似日光的冷色，使人的皮肤颜色显得更自然和更真实。第二个准则是，只有在适当的高照度下，颜色才能真实反映出来，低照度不可能显出颜色的本性。

图 3-6 说明，低照度时低色温的光使人感到愉快、舒适，高照度则有刺激感；高色温的光在低照度时感觉阴沉、昏暗、寒冷，在高照度时感觉舒适、愉快。因此在低照度时宜用暖色光，接近黄昏情调；在高照度时宜用冷色光，给人以紧张、活泼的气氛。照度、色温与感觉的适应关系见表 3-7。

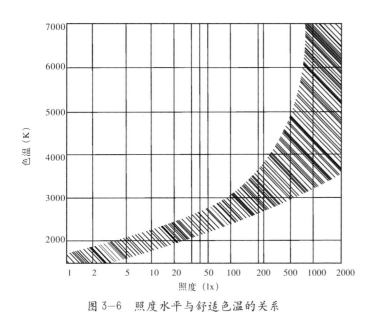

图 3-6 照度水平与舒适色温的关系

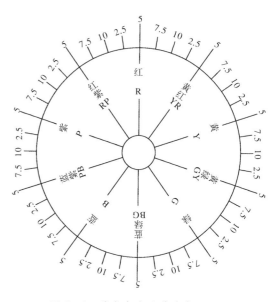

图 3-7 孟塞尔色立体色相环

3.4.4 彩色光的应用

夜景照明的目的是展示城市的形象，创造美丽的夜景，一般应以无色光为主，彩色光为辅。但彩色光可以起到特殊的美化作用，并能构成城市的特色。在进行彩色光的应用时，必须掌握色彩和色相环的特性。

① 色彩的特性。色彩特性表现在色相、明度、纯度三个方面。其中色相表示可见光谱不同波长的辐射在视觉上的表现；纯度表示彩色光在整个色觉中的纯洁度。非彩色则指的是白色、黑色和灰色。它只有明度的对比，而无色彩的差别。

② 色相环的特性。把色彩的色相按光亦顺序排列成环形色叫色相环。以孟塞尔色立体色相环为例，相对环心两边的两种颜色是互补色。互补色按照适当比例混合要以得到白色或灰色。当互补色以任意比例混合时，其颜色是连接互补直线上的各种颜色。任何两个非互补混合，便产生中间色。这是颜色混合规律。色相环上的互补色是最强烈的对比色。环上相差 60° 以内的各种颜色是同类色，相差 120° 以内的颜色是弱对比色，相差 180° 的色是互补色。见图 3-7。

应用彩色光要考虑设置、对比、节奏感和韵律感。

设置彩色光时讲究平衡与侧重。设置一种色光或组合几种色光时，色彩平衡给人以舒适感，因为它们相互是调和的（不平衡则是不舒适与不调和的）。色彩还具有倾向性，如给人偏冷、偏暖、偏亮、偏暗的感觉等。

彩色光的对比是指光的强弱与和谐。对比是色彩鲜艳、丰富、醒目的根本，然而色彩的设置又需要和谐。对比强烈有时会失去美感，色彩相互衬托有时使人感到鲜明强烈，对比减弱有时会体现和谐等。

彩色光的节奏感和韵律感是指彩色光按一定规律交替出现（动感照明）或色彩逐渐变化可产生节奏感或韵律感。这是活跃气氛的重要因素。

(1)彩色光的设置与选择

彩色光可以强化某种情绪，在局部利用彩色光容易获得调和的效果，并创造某种特定的气氛。如何加彩色光，首先要了解各种彩色光给人造成的心理反应，以便合理选用。

(2)彩色光的调和设计

在以彩色光照明时，往往需进行多种色光的组合或色光与无色光的组合。组合时要注意色彩的调和，要求照明既要鲜明有特色，又要和谐舒适。根据实验结果，下面几种色彩关系是调和的。

① 在色相、明度、纯度上属弱对比者是调和色；

② 色彩按照某种顺序变化可为调和色；

③ 含有相同因素的色是调和色，低纯度的色是调和色；

④ 无色光和任何色光相配全均可形成调和色。

(3)彩色光的对比设计

使用色彩对比是很常见的做法。红花与绿叶，因存在对比才显得更美。而单独的红花和绿叶都是不完美的。彩色光有色相对比、纯度对比等，使用这些对比手法可创造各种环境气氛。

①明度对比设计

明度对比设计中存在短调设计和长调设计等情况。a.短调设计。一个画面有多种色彩，若它们在明度标上相差三个色阶之内，则这是一种弱对比。短调色反差较小，而且模糊、柔和、平静。b.长调设计。当明度相差五个色阶以上时，造成强对比。用高调色构成的短调设计叫高短调；用低调色组成的长调设计叫低长调。

明度对比表明，见表3-8，亮色在暗色对比下显得更亮，而暗色在亮色对比下也显得更暗。同一种色相在不同明度和色相背景的对比下，会表现出不同的亮度。例如，相同的黄色在白底上显得深暗，而在黑底上却显得明亮。

色彩明度对比设计要求　　表3-8

设计类型	特点
高短调	优雅、朦胧、轻柔
低短调	凝重、威严
高长调	明快、清新、生机勃勃
中长调	明暗适中、色彩饱和，有永久平衡感
低长调	庄重、威严、神圣，易于突出被照明物，有爆发性力量，效果强烈

②色相对比设计

色相对比不仅让人们区别色彩，而且可以使色彩间差异增大，使色彩更加鲜明。色彩对比可以使色彩感觉发生变化，如紫色在红色背景下则偏红。色相对比有弱对比、强对比、互补色对比。不同的对比对视觉的心理的影响各不相同，设计师可利用这一特性创造出需要的环境气氛。见表3-9。

③纯度对比设计

两种不同纯度色并列，纯度高的颜色会更鲜艳更强烈，而纯度低的颜色则会更灰更淡和模糊。这就是纯度对比的效果。采用纯度对比有两种方法，即掺入法和衬托法。掺入法的作用是降低某种颜色的过高纯度，使整个画面和谐。如在某种色彩光中掺入其互补色或白色，则可得到所需的纯度。衬托法是采用不同纯度的色组合，以衬托主体色。在衬托法中黑、白、灰色十分重要，故它们的纯度为零，所以对所有的色都具有衬托作用。

④面积对比设计

在画面中彩色光面积的不同大小和对比给人不同的感觉。一般规律是大面积色彩后退，小面积色彩突出。但小面积色块分散布置又使对比度弱。若要求色彩平衡、调和，各种色的面积应有一定比例。在大面积照明中，如果使用小块面积，色彩起点缀作用，具有很强的表现力。因此，可采用悬殊面积对比方式等。各种对比方式应用的效果见表3-10。

色彩对比的应用　表3-9

对比种类	特性
弱对比	在色相环上相距120°以内的对比 雅致、温和、易于统一协调，感染力弱，应配比较好的明度对比才能既鲜明又调和
强对比	在色相环上相距120°~180°以内的对比 色彩鲜艳，色感丰富，使人兴奋，对比强烈。使用时避免将它们并列，可采用隔离或面积大小上形成差距，或在明度上变化，以统一和协调
互补对比	在色相环上相距180°以内的对比是极端的对比色，能获得最大的鲜明性，它们互补、互相依赖，使人感到愉悦，能获得持久的美感。但互补色合在一起则互相抵消、中和变灰，因此不宜将互补色相间排列或混合色合在一起 互补色也不宜并列，可在两色之间加以中间色隔离

彩色照明面积对比方式设计　表3-10

面积对比种类	设计方法
平衡面积对比	使多种色组的配合达到视觉平衡，各种色的面积比例应为： 黄∶橙∶红∶紫∶蓝∶绿＝3∶4∶6∶9∶8∶6 即亮的、强的色面积要小于深的、暗的面积
悬殊面积对比	画面中一种色的画面所占面积为压倒优势，另一种色的面积只起点缀作用
大面积对比	在视觉内出现几块具有装饰效果的色块，如每栋建筑都有自己的色调，在视野内出现多栋不同色光的建筑物
小面积对比	在一个面积衬底下布置许多小面积不同色块对比

3.5 照明美学

在城市广场环境灯光规划设计中，把照明方式与设计的构图技法密切结合，融为一体，作出各种各样的环境空间和艺术处理形式，不仅满足了使用功能，而且具有装饰效果。于是照明方式与照明设计的关系，便是创造灯光艺术的主要内容，成为一种具有美学意义的表现形式，从而使灯光从单纯的实用性走进了艺术的殿堂。

照明美学是由自然科学和美学相结合而形成的一门新兴的实用性学科，它属于自然科学的范畴，所以是对自然界规律的认识，并具有无限深入自然现象本质的能力。同时，人们对生动的多样性的现实，还有一种审美意识。这种审美认识也要深入到现象的本质，但是它的任务是通过创造典型形象来反映自然界的客观规律。它不仅不会破坏现实生动的多样性，而且有能力显露和表现客观现实的这种多样性。

灯光照明工程属于实用科学技术门类。它的多样性不仅体现人的本质力量，而且体现为审美形式，它蕴孕着一种有异于传统美学研究对象的特殊的美。

现代科学技术丰富了灯光照明的表现力，人们对美的认识，不仅仅停留在数量、和谐、均衡、比例、整齐、对称等感性认识上，还注意揭示科学技术对于自然美典型所概括的艺术之间的内在的必然联系。两者在自然美的范畴内相互渗透、互相贯通、互相依存、互相合作。也就是说，灯光照明与美学之间的关系，通过照明美学这个中间环节，联系得更加紧密了。

任何艺术形式的具体表现都离不开一定的物质条件，这些物质条件或构成艺术的材料（如颜料、图案等），或成为艺术表现所依赖的物质基础（灯具、调光设备等）。随着科学技术的进步、新的艺术表现形式的不断增加，极大地丰富了艺术的表现力，如动态感、真实感、虚幻感等。

色彩是照明美学的表现形式，色彩的美与它本身的物理性质有关（不同的颜色有不同的波长）。而且对人的生理和心理有较大的影响。不同的颜色对人生理上的不同刺激，影响到人们对色彩有不同的心理感受。灯光色彩要求和谐统一，要注意设置一种基调，各种色彩都要服从于这一基调。灯光色彩的感觉是一般美感中最大众化的形式，因此，它是灯光设计中必须掌握的表现手法。设计时应根据功能来确定色彩，同时要注意环境条件。灯光工程要有其独特的艺术语言和风格，在考虑使用功能的同时，还要体现美感和时代精神。

第4章 构成商业街灯光环境的基本要素

商业街总体布局是城市一定的历史时期、自然条件和一定的经济、生活要求的产物，通过商业街夜景观建设的实践，可以不断发现问题，修改完善。因此，随着经济的发展和科学技术的不断进步的，规划布局所表现的形式也是不断发展、变化的。

4.1 明晰商业街的轮廓

白天，商业街轮廓是靠其边缘建筑的形体、色彩及建筑阴影来确定的，而夜晚，城市灯光将商业街的轮廓清晰地勾勒出来，以区别于周围地域，完整明确的轮廓才能直观体现街道的形状规模。

4.2 突出商业街的结构

商业街结构亦由点、线、面组成。点，即景点；线，即街道；面，即景区。

4.2.1 商业街的"点"

点的含义不是局限在点状因素之内，而是一个统称。其实城市所谓的线或点是包含一定地界范围的。城市设计理论家林厅在给节点下定义时说："这灯集中的节点的某一些也许就是某一区域的中心和缩影。它的影响波及整个区域，成为这个区域的象征。"而对于标志的定义则是："高于别的较小构成物的以及作为放射性基准的标志。"这里的放射性指的是一种影响力。我们把建立形象，构成形象的基本组成单元看成是以某一知名的"点"作为主题的地域。

被市民所熟悉，即标志性高的"点"种类很多，归纳起来有商业街入口处，有商业街中的新街、古楼和建筑，有各式各样的商店等等。

其中的每一个"点"都可以作为一个核心，把其周围较一般的因素聚拢在一起，构成一个地域。但是这些点还有一个知名度高低的问题，有一些是大家最为熟悉、人人皆知的，而有一些则未必。按公众熟悉的程度可排列出一个顺序：几乎人人知道的点、大部分人熟悉的点以及部分人知道的点。这个序列正形成了商业街夜间景点的主次关系。如图4-1所示。

4.2.2 商业街的"线"

因商业街是由道路连接，其结构本身就是线的组合，它们连通了不同的点，构成了以空间网络为主的道路体系。

城市是个多功能因素的综合体，即使在夜晚也是如此。车行道网络地域包括了城市中所有交通线路及与该线路及该线路发生关联的城市个体，它使物质上相分离但功能上有依存关系的两个个体达到另一种意义上的"交叠"。而以步行道网络标定的地域相对应而存在，如果我们以"步行道网络"与"车行道网络"为主题来标定地域的话，便可以得到两种不同性质的交织共存结构体，它们的交织融合又构成了丰富的城市夜景区域。如图4-2所示。

4.2.3 商业街的"面"

景点由道路连接起来，形成网络，形成了面——景区。

景点的划定要结合商业街的功能区域划分和交通系统。商业街景点分布应有所侧重，但景区内景点的分布由于受时间和市民夜晚心理因素的限定，宜相对集中。究竟一个景区以跨越多大的域面为好，这也要视交通网络系统而定。一般来说，居民不愿花费一个小时以上的时间经常性地去某一景点（乘公车）。如果是步行，则以20分钟为限。对于范围小、分布景点少的景区，可以考虑人为增加点数量，这时景点则以人文景观为主，这就要求城市设施建设的配合，那么在城市各项规划过程中要作出一定的说明，以便于各项建设工作的相应支持。各景点在突出表现城市统一特色的同时，根据各自交通、功能等条件，在景点、照明方式的设计组织上尽量创造它自身的特色，力求商业街夜景观在统一中求变化，避免"千城一面"的城市特色危机在夜晚中再现。

构成商业街灯光环境的基本要素

图 4-1　王府井百货大楼

图 4-2　深圳华强北商业街

商业街环境照明基础

图 4-3　北京街景

图 4-4　杭州南山路街景

4.3 使用线——面分析法

线——面分析法是一种综合、整体的分析法，它以商业街空间结构中的"线"作为基本分析度量，形成从"线"到"域面"的分析逻辑。此处的"线"涵盖较宽，概括起来主要有以下几种：

（1）商业街域面上各种实存的、可清楚辨认的"线"，它通常在物质面上反映出来，如现状工程线、道路线、建筑线等，称为"物质线"。

（2）人们对商业街域面上物质形体的心理体验和感受形成的虚的"力线"，如商业街夜空间、城市认同自然景观的影响线，它以人的感知为前提，称为"心理线"。

（3）人的"行为线"。它由人们周期性的节律生活及其所占据的相对稳定的商业街空间构成。通常发生在商业街道等开放空间中。

（4）由规划者、管理者进行商业街建设实践活动而形成的各种控制线。它具有主观能动性和积极意义，是规划干涉的结果。如夜景以规划设计景区、视廊、空间控制线等，定义为"人为线"。

具体夜空间分析过程中，可采取如下程序：

（1）确立需要研究的商业街域面范围，进行物质层面诸线的分析，探寻该域面的夜空间形态特点、结构形成及问题所在。具体内容包括：交通网络、人工物与自然物的结合情况、基础设施分布及其影响范围等。进而我们又可以分析城市夜空间中各节点、标志物、历史性建筑或高大建筑物在城市开放空间中形成的各种影响线，它是人们在夜晚经常性地在心理体验、认知，并以此构成场所感知文化归属意义的重要组成部分。

（2）加上"人"的要素，于是商业街物质形体空间、人的行为空间和社会空间便交织在一起，人的行为活动在夜间街道空间中的分布情况、变化特征及轨迹便可以掌握，并能发现问题，不断进行调整。

（3）综合以上分析结果，可作出夜景规划设计的对策研究，同时考虑对若干规划设计辅助线、控制红线等"人为线"的分析探讨。

（4）将上述各线叠加，形成城市各种网络。

（5）由这些相关辅助线"由线到面"，绘域面交通系统分布图、步行系统分布图、域面夜空间标志及景观影响范围等，为照明实施提供基础。

这一种分析途径比较抽象，但因综合了空间、形体、交通、市政、社会、人的行为和心理等变量，因此较接近实际情况和需要，易于为商业街夜景观规划设计实践者所接受。

4.4 深入调查研究并进行详细规划

商业街夜景观总体布局要符合城市夜景观总体规划思想，在城市总体规划编制的对城市土地利用及城市景观总体设计的基础上，通过调查研究，提出并解决以下几点问题：

（1）商业街夜间各景区点的分布、景点之间的联系、主次的确立及性质特征；

（2）商业街空间整体轮廓线和空间结构控制；

（3）商业街富有特点的空间结构与形象在夜间二次保护与发展的具体措施与照明手法；

（4）提出各景点的夜景观特点要求；

（5）节假日夜景观体系与日常夜景观体系的不同组织；

（6）电源耗电及线路敷设等技术上的宏观问题。

图4-5～图4-9为湖北宜昌市中心区五条街道夜景规划图。

商业街环境照明基础

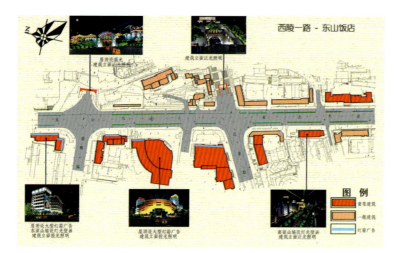

图 4—5

图 4—6

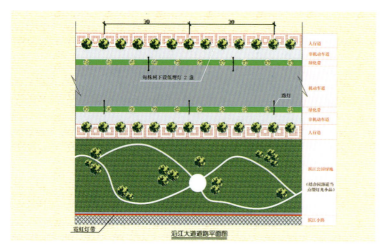

图 4—7

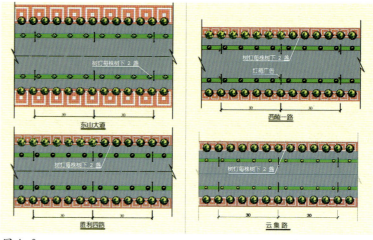

图 4—8

图 4—9

第三篇　商业街灯光环境规划设计方法及案例解析

第 5 章　商业街夜景观的设计方法

商业街夜景观设计，既是一种概念，又是一种方法。作为一种概念，它要依赖于人的思维和方式；作为一种方法，它又能促使人把概念应用到具体的设计中去提技能。它属于城市创造夜景环境的一个重要的分支，在保持自身为一个独立的灯光环境实体的同时，80%以上的工作是与

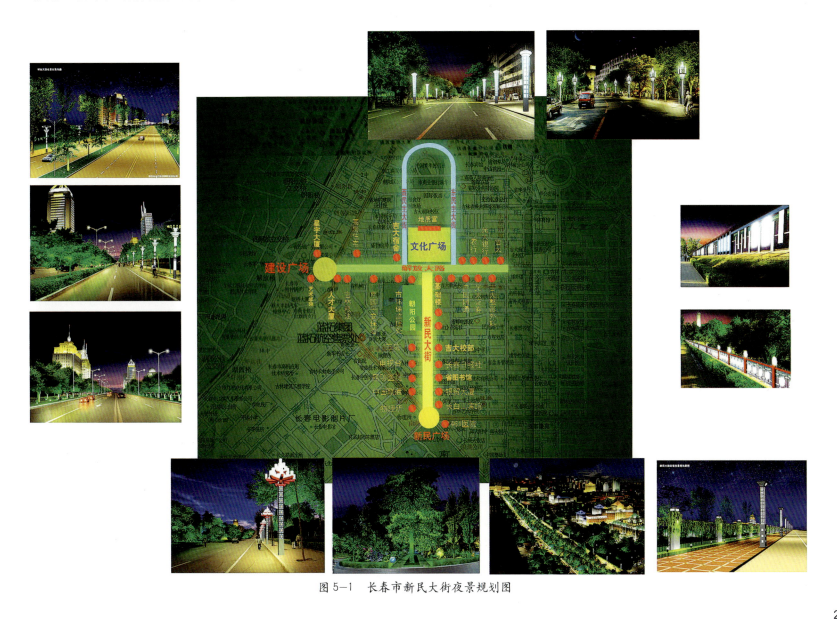

图 5-1　长春市新民大街夜景规划图

建筑设计相结合的，并作为建筑的辅助手段、一种建筑艺术的伸延，而创造出改造商业街的空间、美化商业街的环境，为商业街创造全新的环境艺术的价值。

商业街的夜景观，一般是按照原有或新建或改建的建筑物、构筑物等组合的景观基础上，通过夜景照明的设计而形成的。为了使其夜景观规划设计科学化、规范化和艺术化，本章通过从商业街夜景观总体规划、详细规划和景点设计三个层次展开，以营造夜景照明的最佳效果。

5.1 商业街夜景观总体规划

商业街总体规划，是该区域实行夜景环境规划设计的总纲。它必须在把握这里的地理位置、周边环境、地形特征、街道走势、建筑情况、人文历史等一系列重大内涵的基础上，作出全面而准确的调查、分析，最后，在文本中，制订出如下四方面的内容：

（1）确定本景区照明的基本要求、原则以及景区照明将要达到的总体效果；

（2）确定本景区照明的总格调和总的平均亮度水平；

（3）分析景区各照明对象在总体照明方案中的作用和地位，确定照明的主景、对景、配景和底景的部位和对象，并确定各自的亮度水平和它们的比例关系及照明的基本要求与方法；

（4）制订本景区照明总体规划的实施步骤、方法、措施和时间表。

设计商业街夜景观总体规划必须坚持以人为本、尊重历史和整体性三大最基本的原则：

以为人本强调人在城市中的主导地位。商业街在夜景观总体规划中，必须接纳以人为本的思想精髓，从人的角度出发，满足人的各种生理和心理的需求，从宏观到微观，为人提供一个舒适、优美的夜空间环境。

尊重历史，继承和保护历史遗产是商业街景观设计中的重要职责。对城市的历史演变、文化传统、居民心理、市民行为特征及价值取向等应作出分析，取其精华融入景观中，构成今天的城市文化与风貌。那些具有历史意义的建筑形式、空间尺度、色彩符号等等，同市民心中潜在的的驾驭其行为并产生地域文化认同的社会价值观相吻合，容易引起共鸣。

商业街的灯光环境设计格局应从整体出发，景观设计要展示并体现城市的形象和个性，要在城市总体规划中确定出清晰合理的商业街的街道格局，明确它在城市整体景观中的地位和作用。突出人性就是突出特色，突出自身的个性是商业街设计应注意的关键。商业街的个性指的是不同于其他街道的性格，有别于其他城市的特征，在细部处理上、色彩上、地面铺装上均要求进行贴切的变化。

通过对上述原则的坚持及其功能的实现，解决商业街夜景点的分布、景点之间的联系、主次的确定、照明技术上的和人文活动等方面的宏观问题以及假节日夜景观系统问题。

商业街夜景照明总体设计，是从街道的实际情况出发，根据街道自身的特点和在整个城市灯光环境中的功能与应起的作用，遵循城市总体规划设计、建筑科学、环境科学及照明科学的基本规律、原则和法规要求，着眼商业街自身与整个城市协调的整体效果，对街区众多的照明元素逐一进行分析、规划，提出商业街自身的夜景照明总体规划与设计方案，作为对街内众多的照明对象进行单体照明设计的指导依据。

5.2 商业街灯光环境详细规划

商业街是以步行为主要特征，并进行商业活动的城市空间。它在城市夜景观环境中，占据着显著的地位。

商业街的选址，一般都在城市中心枢纽附近，或者主干道的旁边。从外观形态上看，有敞开式、骑马式、拱廊式、地下式等多种形式。从分类上看，有综合型与专业型两种。

商业街的构成，主要有商店、步行空间、车行空间、步行至停车场的过渡空间、入口处和有关公共设施组成。对一条现代化的商业街来说，它的功能已由单一的购物与通行，发展到了购物、通行、休闲、游览和娱乐于一体的综合型商业空间，设施也越来越完善。

商业街的基本情况是种类繁多、道路狭窄，商店毗邻相接，建筑物风格各异。街上除了标志牌、照明灯、红绿灯、废纸箱、书报亭、电话亭、灯光标牌、公共厕所、座椅和广告外，不少地方的商业街还有街头雕塑小品、喷泉、过街天桥、路口牌坊和大门，以及指路显示牌等。

商业街灯光环境详细规划,就是要面对上述纷繁杂乱的环境运用,在总体规划的指导下,提炼出构成商业街夜空间环境的重点景观要素,实行进一步的详细规划。在规划中,结合城市规划,充分考虑到商业街的属性、特征、重点和建筑、设施、环境以及人文因素等元素的相互关系,根据属性确立要创造的气氛。根据特征创造特色,根据重点确定主景,根据元素之间的关系确定配景、底景等创造整体效果。

在具体的详细规划中,对商业街自然形体的充分利用,尊重原有建筑风格的特性,是规划过程中一个不可忽视的原则。因为这里所孕育的内涵,正是这里的特色所在。

商业街照明,在处理建筑物形态及其组合方式上,一定要注重物质形态背后隐含的深层文化底蕴,构成该街重要的人文特色。运用不同的设计手法,表现不同建造年代形成的多彩的建筑形态及空间。突出重点,古典与现代结合;主次分明,丰富与简洁并存。

商业街夜景照明的基本特征,一是明亮,其照度水平高;二是灵活,其照明的方法和形式多样化;三是色彩丰富鲜艳;四是除路灯外,其他照明设施高低错落,动静结合,融声光色于一体;五是在满足功能要求的前提下,其照明设施,如灯具、灯杆和灯架等具有很强的装饰性。

据上述特征,商业街夜景照明的要求:

一是应做好整条街的照明总体规划、按顾客和游人的视觉心理要求和相关标准规范,把众多的照明对象融为一体,充分考虑,做到照明既突出重点、主次兼顾、亮暗分布合理、层次感强、无眩光和光污染,又创造出热烈繁华、井然有序并具有良好视觉诱导性的效果。

图5-2 徐州户步山商业街入口处规划设计

二是以街道两侧的灯饰为重点，特别是店头照明、商店建筑立面照明和店名广告照明。按三层布光的方法，上层布置大型灯饰广告，用大型霓虹灯、灯箱或投光照明形成照明的主景；中层用各具特色的标牌灯光、灯箱广告、霓红灯或串灯形成中层夜景；底景用明亮的小型灯饰及橱窗照明的灯光形成光的"基座"，再用变光变色、动静结合的手法，把路面照明，街上的公用设施的照明及跨街串灯装饰组合为一体，从而创造一个有机的照明整体画面。

三是要求各商店的照明在整条街照明规划的基础上，突出自身照明的特点和个性，但店面照明设施的布置方面一般宜垂直于行人的视线。

四是对商业步行街入口的构筑物，如牌坊、彩门、街名标志及装饰性路灯等均应进行专门的精心设计，以便刺激和吸引顾客进街购物或休息游览。

夜景观规划设计，主要通过光对商业步行街进行二次塑造，要考虑到建筑的文脉，从其具体内容包括建筑体量、高度、外观、色彩、风格、材料质感等入手进行二次表现将其被光授形的物质要素表达提供"存在的理由"。白天，由于日光具有不可选择性的缺欠，因此会使步行街空间许多地方难以协调。而在夜间，景观的照明则可以利用光，通过改变建筑色彩、质感、体量、形态等手段，使建筑物组合得更精彩、协调和美丽。

5.3　商业街灯光环境景点设计

商业街灯光环境景点的设计过程，一般遵从其他艺术类型的一般规律，特别是建筑艺术法则，在选址、分布、功能划分、布局、造型等方面与建筑艺术极为相似。同时灯光环境设计也有其自身的特征，它可以解决商业街空间设计、建筑设计所无法解决的一些环境艺术的问题。

商业街照明的对象纷繁复杂，相对而言，好像是未经"修饰"过的自然景观，欠缺一种吸引人的魅力。所以设计师应本着突出重点、主次分明的设计原则。

商业街照明的对象和部位主要有商店的店头、建筑物立面照明、商业街的道路照明、商业街的公用设施照明、商业街的标牌、橱窗和广告照明以及商业街口广场的装饰照明几个部分。这几个部分的照明既是独立的，又是相互联系的统一的整体。其目的都是为顾客和游人创造一个和谐宜人的购物与休息观光的照明环境。

店头和商店立面是商业街夜空间的决定因素。店头和商店立面与夜空间的群体组合方式质量的优劣，直接影响着人们对商业街夜环境的评价，尤其就视觉这一基本感知途径而言，直接影响着人们的购物欲望与观光的兴趣。因此，这一部分的设计，应成为商业街在规划设计中思考的重点。如图5-3所示。

5.3.1　店头与橱窗的照明

店头照明包括入口大门、招牌和店标在内，俗话称门面，是店内外连接的"脸面"。一个门面有没有吸引顾客与游客的魅力，店头照明起着重要的作用。所以，店头照明，一定要创特色，用光用色要与商品协调，要醒目，其亮度要比周围的亮度高出2～3倍。而店内的照明，灯光过亮与过暗都不行，一定要让人们感觉视觉舒适，特别是对橱窗的照明，更应匠心独运。橱窗是商店的灵魂，是商品展示的舞台，千方百计都要显出商品的特色。见图5-4。

5.3.2　商店建筑立面照明

商业街商店林立，店面建筑的外观造型与特征各有不同。想用灯光提示建筑的整体形象，使其产生亲和力与吸引力，一定要分析建筑的特征，把握建筑师的设计构思意图，确定好立面照明的亮度水平与基本格调，选择合理的照明手法。若运用泛光照明，应精心选择最佳投光方向和装灯位置，对固定灯具的支架也要考虑灯架的外观造型、用料、尺度、表面颜色等，做到不仅功能合理，而且要考虑白天的效果。再者是协调好商店店头、灯光广告、商店窗户外透光线等照明效果，始终与周围环境保持统一的关系。

5.3.3　商业街的道路照明

商业街的道路照明，对保证行车、行人安全、提高道路运行效率、减少交通事故、美化区域环境都有重要意义。它要求技术先进、省能节资、经济合理、维修方便，并和商业街整体的照明设施统一协调。首先要定好本道路照明的等级和标准中规定的路面平均亮度、均匀度、照明维护系数及眩光限制等参数。

商业街夜景观的设计方法

图5-3 店头照明

图5-4 橱窗照明设计

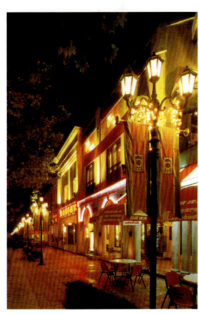

图5-5 商业街的道路照明

商业街道路照明，要求选择好技术先进、品质良好、价格合理的光源、灯具、电器控制等优质产品。其造型、色泽都要与所在环境的灯架、灯杆及灯杆基座的格调保持统一。如图5-5所示。

商业街道路照明方式应视具体情况而定，不能套用一般方式，在计算光源数量和功率时，要考虑商店建筑立面照明和街上灯光广告标牌的光线在路面上产生的照度增量。

依照CIE92号出版物规定，商业街照明电气设计，在街道广场或街区具有标志性商店前的街段，应设置供节假日与平时有重大活动时使用的电源箱。

5.3.4　商业街公共设施照明

商业街公共设施，诸如电话亭、书报亭、指路牌、雕塑小品、喷泉花坛等，应在街区照明的总体规划的基础上逐一加以考虑。对于公共设施，除保证其各自的功能要求外，必须在用光和造型上具有较强的装饰性。如图5-6所示。作为整个街区景观的组成元素，不允许孤立地进行各自的照明设计，一定要求与整体保持视觉上的连续性和统一性。如果各设施的照明不从整体出发，即使单个看起来很好，明亮而醒目，但对整体照明的效果不利，甚至适得其反。

5.3.5　商业街的标牌和广告照明

各类标牌和广告照明对美化商业街的夜景、塑造街区的形象、吸引游人购物与观光都有其现实意义。如图5-7所示。

标牌和广告照明的设计要求，首先是构思与创意应有特色，能给人以新颖、美观和充满时代气息的感受；画面的图形、文字和尺度搭配、光彩的使用，要让人感到简洁、明快、协调，和街区大环境中的其他元素的照明，始终保持统一。再就是选用最佳的照明种类和形式。标牌和广告照明种类颇多，诸如广告牌、灯箱广告、霓虹灯广告、多翻并同步变色广告牌、投光照明广告、发光二极管显示屏以及柔性灯箱等等。三是

图5-6　商业街公共设施照明

商业街夜景观的设计方法

图 5-7　商业街的标牌和广告照明

图 5-8　商业街入口照明

标牌和广告的安装部位应从实际出发，因地制宜，遵循高低错落、纵向和横向、垂直与平行的店面布置相结合的原则。街区内大中小型，动态和静态型、平面和立体型等各类灯光标牌广告的布置，按总体规划要求，统筹规划，杜绝各自为政的混乱现象。一般而论，大型的布置在屋顶，中型的布置在店面的中部，小型的布置在商店入口，对路面宽的可在垂直与平行店面方向同时布置。

5.3.6　商业街入口部位的照明

商业街入口部位的建筑、小品、大门或牌坊、绿化等艺术处理，在格调上和整个商业街的特征应协调一致，展示出色彩斑斓、光彩夺目、生动活泼的繁华景象。同时，夜景观设计又要表现出入口处夜景照明的自身个性，还要与周围的环境的景点照明融为一体。

商业街入口部位的大门或牌坊、建筑、小品和绿化的照明要求比街区其他部位的亮度高，一般是高过 1～2 倍；重点部位，如大门或牌坊上的街名牌匾要有突出表现，在照明方法上应根据实际情况采取投光灯、轮廓灯或灯箱方式均可，适当地采用色光和动态照明手法，强化其照明装饰效果。照明灯具、灯杆或灯箱的外观造型、尺度和色彩，要分析研究，认真设计和选配。如图 5-8 所示。

第6章 商业街景观元素照明方式

商业街景观元素有建筑物、构筑物、建筑小品、公共设施、街道、草坪、树木及水体等，凡城市中有的元素，商业步行街就有可能存在。景观照明的质量，并不与光照强度成正比，关键在于与城市环境的协调性。对光源的运用，要求恰到好处，通过调整距离和投射角度，合理布置，才能实现各种各样的光照效果。

6.1 商业街建筑物照明

建筑物夜景照明与其他元素照明有很大的不同，店头与建筑立面的照明要求在原有建筑物的基础上，通过照明的亮度变化、色彩变化来展示建筑物的特点，规划设计时必须对建筑物的风格、结构特点、表面装饰、建筑后面环境等情况进行综合考虑，把握好建筑物照明应该考虑的六个问题，并运用好建筑物照明常采用的三种照明方式。

6.1.1 商业街建筑物照明应考虑的六个问题

（1）景观的整体性效果

店头与建筑立面不能单纯考虑所涉及的一幢建筑或几个面，要考虑沿街的景物和店面与店面的连续性及其整体效果，才能营造协调的气氛。景观的整体感是靠共性体现出来的，整体性要求景物的呼应，一条街上相邻的两景物之间若没有呼应，就会使人感到杂乱。

（2）景观的层次感

层次感是指景物空间中，主景与配景之间的关系。层次感的产生，可以通过虚实、明暗、轻重、大面积的给光和勾画轮廓等多种手法体现。要考虑建筑本身的造型、结构进行具体分析，因景而异。同时，还要考虑建筑和空间的关系，使之更科学，更具艺术魅力。

北京的北海白塔和景山公园的亭子的夜景照明，单从"塔"和"亭"来看，白塔"泛光普照"，亭子"轮廓勾边"，一虚一实，一明一暗，一轻一重，产生了绝妙的呼应，各显出了自身的特色，创造出美的艺术效果。但如果一味地采用"集锦式"布局，仅是"堆山叠景，层层拱托"，不去考虑主景的环境周围配以适度照明，则会使主景孤立于黑暗之中，给人以"美中不足"之感。

（3）突出重点

商业街夜景照明，在保证建筑整体效果的同时，应尽可能清晰地展示建筑物关键部位的结构和装饰细部的特征。

（4）慎用彩光

彩色光一般都具有强烈的感情特征，它可以极度地强化某种情绪。因此，对彩色光的使用，要依据建筑物的建筑功能、使用要求和表面材料等特性。切莫一味地追求色彩效果，而忽视了其建筑的使用功能。

（5）隐蔽性

建筑夜景照明的设施，一般布置在建筑物附近，位置不当会给行人或周围环境带来不利影响。因此，要让照明工具尽可能隐蔽起来，维护城市环境，方便管理。

（6）节约能源

夜景照明需要消耗大量的电能。为了节约电力，除采用高效的灯具外，最好在规划过程中预设分级控制，平日或深夜，仅开一小部分或少量的灯，也能表现建筑物和城市的特色。

6.1.2 商业街建筑物照明常采用的三种照明方式

（1）泛光照明

泛光照明是一种使用非常广泛的城市夜景照明方式。城市中的许多大型公共建筑、古建筑、纪念碑及雕塑等，在夜晚都有赖于泛光照明，呈现出绚丽的城市夜景。

泛光照明与轮廓照明不同,后者只能显示出建筑物的轮廓,前者则要求显示出建筑物的立面,特别是它的细部。一般来说,它首先达到以下几个方面的总体效果:

通过照射在建筑物立面上的灯光的明暗变化产生立体感;

通过照射在建筑物立面上的灯光的位置不同产生层次效果;

突出照射建筑物的主要细部,使人们看清细部材料的颜色、质感和纹理;

突出建筑物本身,周围环境的亮度要小,使建筑物与周围环境到得明暗对比的效果。

泛光照明的效果在很大程度上由投光器来控制,与投光器的布置场所、投光器与建筑物的距离、受照面的表面状态、建筑物的形态、行人的观看角度等因素有关。表6-1及表6-2列出了这些因素变化时对泛光照明效果产生的影响。规划设计师根据规划意图确定建筑物要达到的效果,对景观建筑物提出照明效果要求。

阳光下,主光源在建筑物上面,建筑物表面呈现出自然、柔和的现象。当泛光灯装在地面上时,光的反射方向与太阳光相反,对着天空,建筑物显得呆板、不够生动。无论建筑物表面的反射特性如何,因缺少天空的漫射和入射方向的逆转,泛光照明很难自制出建筑物与白天同样的景观效果。我们可以强调建筑物昼夜的差别,而不是单纯地缩小它们之间的差别,要设法有效地利用阴影和可以利用的颜色。

建筑物泛光照明(如图6-1)应遵循以下原则:

①完整性。要表现建筑物的整体形式,必须将其轮廓也呈现出来,强调边和角,并使拐角两侧面在亮度上有一定的差异,产生透视感。如果建筑带有坡形屋顶或缩进去的屋顶,则应表现出屋顶的边线,同时在亮度上也有所变化,保持建筑的完整性和立体感。

投光器与建筑物距离、建筑物屋顶形状对泛光照明效果的影响　表6-1

投光器与建筑物距离	建筑物屋顶形状	泛光照明效果
远离	平顶、有凹入	阴影强烈
远离	平顶、有凹入	阴影减弱
远离	坡顶	屋面增加漫射光

建筑物受光面材料对泛光照明效果的影响　表6-2

受光面材料	泛光照明效果
表面粗糙	造成漫射光,眼睛感到光量较多
表面平滑	造成漫射光,眼睛感到光量较少
材料颜色与光源色接近	增加受光面颜色的彩度
材料颜色与光源色一致	更增加受光面颜色的彩度

②趣味性。建筑物表面上的阴影是富有魅力的部分,应充分利用表面的装饰和结构创造出合适的阴影,对于建筑立面存在线条结构的情况,可以利用阴影表现出这些线条。要想突出表现建筑物中心,可以采取局部加光或减弱周围区域的亮度的手法。

③舒适性。如果建筑物表面设置了大面积的玻璃窗,应注意反射眩光;如果建筑物立面有丰富的凹凸部分,且尺度可观,应避免过分的阴影;如果建筑物体量很大,且表面较平淡,应避免整个表面产生单调的均匀感。

（2）轮廓照明

轮廓照明是以黑暗的夜空为背景，利用建（构）筑物周边布置的串灯来勾画建筑物轮廓的一种照明方式。如图6-2。

我国古建筑由于具有变化丰富的轮廓线，采用这种照明方式可以在夜空中勾画出美丽、动人的图形，能够获得很好的艺术效果。当然，现代科技水平的发展，大量的新型照明材料不断涌现，如：LED、冷极管、光纤、T5管等等都具有轮廓照明的极佳表现力。

（3）内透光照明

内透光照明是利用室内靠近窗口的照明灯放射出的光线，透过窗口在夜晚形成排列整齐的亮点的一种照明方式。有大片玻璃或玻璃幕墙的现代建筑采用这种内透光照明方式比室外泛光照明效果更加生动，同时也较经济，并便于维修。有窗线的玻璃幕墙也可由外部照亮，以强调线性美。如图6-3。

泛光照明、轮廓照明与内透光照明各有特点，它们可以从不同角度展现建筑的美。在不同的场所可以灵活地选择合适的照明方式，见表6-3。

泛光照明、轮廓照明及内透光照明的特点及适用场所　　表6-3

照明方式	特　点	适用场所
泛光照明	显示建筑物体形，突出它的全貌，层次清楚立体感强 灯具的安装位置及投射角度很重要，否则会产生光干扰	适用于表现反射度较高的建筑物
轮廓照明	突出建筑物外形轮廓，不能反映它的立面特点	适用于桥梁及较大型建筑物，也可作为泛光照明的辅助照明
内透光照明	在某些情况下效果很好，并节约投资，方便维修	适用于玻璃窗较多或大面积的玻璃幕墙、标志、广告等

图6-1　建筑物泛光照明

图6-3　建筑物内透光照明

图6-2 建筑物轮廓照明

喷水的设计照度　表6-4

周围状况	喷水端部照度（lx）
亮时	100～200
暗时	50～100

图6-4 水体照明设计

6.2 水体照明设计

水作为人与自然的情感纽带，永远是城市环境中不可缺少的要素，也是城市商业街中富于生机的内容。

静止的水，流动的水，喷发的水，跌落的水，以及随之而来的欢歌与映趣，这一切都成为城市商业街的景观和环境设施设计中最能引人注目的主题，这些主题和人的想像力还要通过形态各异的水景的具体设计目标予以实现。理想的水景照明既能听到声音，又可通过光的映像使其闪烁地摆动，这正是将节目推向高潮的主要因素，也是灯光的美丽所在，使我们有理由研究一下水景照明的有效方法。如图6-4。

6.2.1 喷水照明

喷水照明首先应掌握喷水的分类。喷水大致可分为：具有喷水形状（由喷嘴的位置与角度产生姿态各异的喷水造型）；像瀑布那样使水跌落；与雕塑、花坛等相互衬托；随着音乐节奏、音符而同步变化。

喷水照明还应注意灯具的位置。一般角度应该能够照明水柱及喷水端部水花散落的景象。要注意喷水的明亮度、高度和光源功率大小。因为喷水的明亮度是强调光晕和水花的，所以根据与喷水周围部分的明亮度会产生变化。喷水的设计照明度见表6-4。喷水的高度与使用

喷水高度和灯的功率大小　表6-5

喷水高度(m) \ 灯	反射型投光灯（W）					汞灯（W）		金属卤化物灯(W)
	100	150	200	300	500	300	400	400
1.5	■							
2	■	■						
3		■	■					
4			■	■				
5				■	■			
6					■	■		
7					■	■	■	
8						■	■	■
9							■	■
10							■	■
10以上								■

图6-5　光源与灯具

灯的功率大小之间的关系见表6-5。进行彩色照明时一般使用红、黄、蓝三原色。色彩是通过滤色片取得的。色彩的不同可使喷水更加多姿多彩、绚丽。如图6-5。光源使用最多的是白炽灯，这是因为其开关及调光都比较方便。如果喷水柱高且无需调光时，则可用高压汞灯与金属卤化物灯等。灯具，当使用水下灯具进行彩色照明时，在滤色片的安装方法上，可以调定在灯具前后玻璃处，也可采取可变式滤色架能旋转，使光色依次变化。

6.2.2　水中照明

水中照明分为以观赏为目的和以视觉工作为目的两种。前者可从空气中看水中情况。后者包括直接在水中工作时的照明。在空气中为了观看物体而实现必须的视觉条件的照明技术已经完善(除了物别情况以外)，将这些照明技术应用到水中照明的领域里去是最有效率的。在这种情况下，空气中和水中的差别就是光在空气和水中的特性有所不同，其区别在于水对于光的透射系数比空气的透射系数要低。水对于光的波长表现出有选择的透射特性。一般来说，对于蓝色、绿色系统光透射系数高，对于红色系统的光透射系数低。当微生物生息或悬浊物存于水中时，光发生散射，在视觉方面产生光帷现象。有气泡存在时也发生同样的散射现象。因此，当光通过水中时，由于水而产生吸收或散射，每一方面都起到减弱光强的作用，水中颜色的可见度与光源类型有关。水中照明用光源以金属卤化物灯、白炽灯为最佳。

按照照明灯具的设置划分，水中照明方式主要有三种：其一是水上照明的方式，其二是水面照明的方式，其三是水中照明方式。其中使用最多的是在水上构筑物上安装照明灯具来照明的水上照明方式。这种方式可使水面具有比较均匀的照度分布。但是根据所用灯具的配光特性会从周围看到光源，或光源反映到水面上，往往对眼睛产生眩光，因此要加以注意。水中照明方式是适于照明水中有限范围的方式，最好在周围不出现光和不产生水面的反射。但是由于它设置在水中，除了要具有耐水性和抗蚀性要求以外，还要具有抵抗波浪等外部机械冲击的强度。水中设置方式的优点是设在水中需要的地方，集中进行照明。特别是在观赏水中物体的照明中要布置得使水中照明器的光照射到水中的岩石或水底，从水面上看不到光源，却能够很好地看到观赏目标。

6.3　雕塑及构筑物照明的设计

6.3.1　雕塑和纪念体的照明

为了表现庄重雄伟的气氛，加强观赏效果，要在雕塑或纪念碑及其周围进行照明。这种照明主要采取投光灯照明方式。在进行照明设计时，应根据所希望的照明效果，确定所需的照度，选择照明器材，最后确定照明器的安装位置。

（1）灯光的布置

投光灯的布置有三种方法：在附近的地表面上设置灯具、利用电杆以及在附近的建筑物上设置灯具。将这些方法各自组合起来，也是有效的方法。投光灯靠近被照体，就会显示雕塑材料的缺点；如果太远了，受照体的亮度变得过于均匀平淡而失掉魅力。因此，应该适当地选择照明器的装设位置，以求得最佳的照明效果。为了防止眩光和对近邻产生干扰，投光灯最好安装灯罩或格栅。

（2）声和光的作用

根据历史性雕塑或纪念碑灯型种类，除了光和色以外，还可以并用声音，做到有声有色，增加审美情趣和艺术效果。这时要对光源调光改变建筑物的亮度，按照电路开灯来改变气氛，并且调节音响使气氛有所变化。因此，电路数量越多，越能表现不同的效果。但要避免损害白昼间的景观；其次，为了不至于干扰参观或游览者的情趣，要把照明灯具、布线设备等尽可能地隐蔽或伪装起来。

6.3.2 构筑物照明

构筑物照明一般以泛光照明为主，为了表现于广场环境的协调一致，必须掌握构筑物周围环境特点和相应有尽的处理方法，以及主体照明预期的艺术效果，如图6-6。

（1）环境障碍物的利用

利用环境障碍物如树木、篱笆、围墙等，使之成为投光灯设施的装饰部分。将光源设在障碍物后面，光源可被隐蔽起来。而树木围栏在亮背景下成为黑影，加强了深度感，这是引人注目的处理方法。

图6-6 徐州濉海食品城

(2) 水面的利用

建筑物邻近的任何一片水面均可利用，如水池、人工湖等。设计时可将水作为一面"黑色镜子"让投光的建筑物在水中倒映出来。布置时应注意：光线不能布置成与水面接触，使水面保持绝对暗。光源设置得愈低愈好，光束平射或向上斜射。水面须洁净，如有污物或水生植物会使反射变弱、变形。

(3) 建筑物立面

平立面，没有凹凸部分或缺乏建筑物细部的立面，是不太适合用泛光照明的。为了避免平淡无奇，只有使投光灯光源非常接近主面，才能产生明暗效果。为此通过对投光灯布置的调整，使之照明面均匀，以加强效果。

有垂直线条的立面，如有壁柱、承重柱、大玻璃或由大梁与过梁支撑楼板的建筑物立面等，可用中光束投光灯从立面的左右侧投光，以突出立面垂直线条，但大多数情况会导致阴影过分强烈。若用宽光束投光灯并从对面投光时，阴影较弱并变得较为柔和。

有坡屋顶的建筑物，一个屋顶的建筑物的屋顶如在白天可以看到，而在晚上用泛光灯照明时则看不到，这不能认为是完美的。因此，有坡屋顶的建筑物，投光灯应在适当位置，给坡屋面增加散射光。

正方形或长方形的建（构）筑物，建（构）筑物的平面图可以简化成某种几何图形，复杂的建筑物可看成几种几何形状的组合。要根据建筑物造型选择投光方向，同时应使建筑物两个相邻接的立面之间有明显的亮度差别，以便有较好的透视感。另外由于泛光灯光束是斜射的，故饰面材料的质感能很好地表现出来。布置时应注意①投射方向与观看方向必须存在一个角度，方能使立面更为突出。②光在建筑物立面上的入射角应小于90°，这样最能表达立面特点（从垂直处算起）。对有深凹部分的立面，入射角可取0°~60°。立面是平面时，入射角可取60°~85°，并应用散光。

(4) 圆形建筑物

圆形建筑物如圆塔等，需要把建筑物的圆体形状突显出来，这种情况适于用窄光束或中光束泛光灯。可围绕圆形建筑物设置两个或三个投射点，光束尽可能向上投射，投射越高越好。这样做能使窄光束近似平行光。在塔身上形成一条光带。由于塔身是圆形，光的入射角（由中心点到塔边缘）可取0°~90°，这样，使反射光方向或塔身亮度受到控制，形成中间亮边部渐暗，加强了圆形感。

6.4 植物照明设计

树叶、树林以及花草植物以其舒心的色彩、谐和的排列和美丽的形态成为城市商业街广场装饰不可缺少的组成部分。在夜间环境下，照明能够延长其发挥作用的时间。与建筑物的立面照明一样，植物在光照下不是以白天的面貌重复出现，而是以新的姿态展现在人们面前，如图6-7。

6.4.1 植物照明应遵循的原则

(1) 要研究植物的形状以及植物在空间所展示的程度。照明类型必须与各种植物的形状相一致。

(2) 对淡色的和耸立空中的植物，可以用强光照明，最终形成一种轮廓效果。

(3) 不应使用某些光源去改变原来的颜色，但可能用某种颜色的光源去加强某些植物的外观。

(4) 许多植物的颜色和外观是随着季节的变化而变化的，照明应适应于植物的这种变化。

(5) 可以在被照物附近的一个点或许多点观察照明的目标，同时注意消除眩光。

(6) 从远处观察，成片树木的照明通常作为背景而设置，一般不考虑个别的目标，而只考虑其颜色和总的外形大小。从近处观察目标，并需要对目标进行直接评价的，则应该对目标作单独的照明处理。

(7) 对未成熟的及未伸展开的植物和树木，一般不施以装饰照明。

6.4.2 植物照明设备的选择和安装

(1) 照明设备的选择。照明设备的挑选（包括型号、光源、灯具光束角等）主要取决于被照植物重要性和要求达到的效果。所有灯具都必须是水密防虫的，并能耐除草剂与除虫药水的腐蚀。

商业街景观元素照明方式

图 6-8　树木照明设计

图 6-7　植物照明设计

图 6-9　花坛照明

（2）灯具的安装。植物照明的灯具安装应注意：灯具一般安装在地平面上，以不影响白天的景观效果。为了避免灯具影响绿化维护设备的工作，尤其是影响到草地上割草的工作而将灯具固定在微高于水平面的混凝土基座上。这种布灯方法比较适用于只有一个观察点的情况，而对于围绕目标可以走动的情况，可能会引起眩光。如果发生这种情况，应将灯具安装在能确保设备防护和合适的光学定向两者兼顾的沟内。将灯具安装在树木后是一种可取的方法，这样既能消除眩光又不影响白天的外观。

6.4.3 树木的投光照明

（1）投光灯一般是放置在地面上，根据树木的种类和外观确定排列方式，有时为了更突出树木造型和便于人们观察欣赏，也可将灯具安装在地表层下。

（2）如果想照明树木的一个较高的位置（如照明一排树的第一根树叉及其以上部位），可以在树的旁边放置一根高度等于第一根树叉的小灯杆或金属杆来安装灯具。

（3）在落叶树的主要树枝上，安装一串串低功率的白炽灯泡，可以获得装饰的效果。但这种安装方式，一般在冬季适用。因为在夏季树叶会碰到灯泡，灯泡会烧伤树叶，对树木不利，也会影响照明的效果。

（4）对必须安装在树上的灯具，其在树叉上的安装必须能按照植物的生长规律进行调节。

（5）对一片树木的照射，可用几只投光灯具，从几个角度照射过去，照射的效果既有成片的感觉又具有层次感。

（6）对一棵树的照明，用两只投光灯具从两个方向照射，成特定镜头。

（7）对一排树的照明，用一排投光灯具，按一个照明角度照射，既整齐，又有层次感。

（8）对高度参差不齐的树木的照明，用几只投光灯，分别对高、低树木投光，给人以明显的高低、错落感。

（9）对两排树形成的绿荫走廊照明，采用两排投光灯具相对照射，效果甚佳。

（10）在大多数情况下，对树木的照明，主要是照射树叉与树冠，因为照射了树叉树冠，不仅层次丰富，效果明显，而且光束的散光也会将树杆显示出来，起衬托作用。

6.4.4 花坛的照明

对花坛的照明方法是：

（1）由上向下观察的处在地平面上的花坛，采用成为蘑菇式灯具向下照射。将这些灯具放置在花坛的中央或侧边，高度取决于花的高度。

（2）花有各种各样的颜色，就要使用显色指数高的光源。白炽灯、紧凑型荧光灯都能较好地应用于这种场合。

第7章　商业街夜景观规划设计

7.1　商业街照明规划设计原则

（1）尺度统一

照明设施必须符合商业街道的尺度，尺度的统一是从人的视觉到心理考虑的基本要求。如果照明设施过于突出自己，会使建筑物显得简陋，行走在其间，我们就会失去尺度感。

（2）动静统一

多数照明设施建于商业街街道两侧，商业街道在很大程度上是以直线的形式表达动感的。而城市中也有许多其他种类的围合空间、曲折的街巷、十字路口、街道尽端等场所表达的却是静感。在这种情况下，照明灯具不应破坏这种静感。而在适当的情况下，通过照明技术打破某种既成的、单调的动（静）感也是必要的，这样可以活跃商业街的生活气氛。

（3）宜性原则

在某些特殊场所，一般的普通照明很难与景观融合在一起。想像一下，颐和园十七孔桥的石狮子旁边安装了水银灯后会是一幅怎样的景象呢？因此，需要有针对性地对照明（灯具）进行特殊的艺术处理。

7.2　商业街夜景观构成要素

（1）街道远景的夜间组织

西欧一些国家在城市夜景观组织方面既注重街道远景的作用，又注重远景的构成，远景的焦点多是采用突出表现纪念碑式的建筑、门、塔等方式。但在有的商业街，不是单纯采用这些人工景物的远景，而是采用街道轴线与山丘、水面等自然景观相结合的手法，积极地将它们引用到商业街的夜景中，在丰富人们夜晚对街道感受的同时，也有利于突出商业街的个性。

（2）人文活动

人们在街道上进行的各种夜间活动是规划设计的前提条件。

在街道夜景观规划设计之前，应首先考虑作为使用对象的商业街街道在夜晚都会有哪些人文活动存在，因为人是街道夜景观的重要角色。在这种情况下，应根据人们的活动需要来考虑街道景观的设计。

（3）街道夜景观变化因素

季节也是构成街道夜景观的重要因素。季节的变化决定了光源的选择。比如，像高压钠灯之类的"热"光源（金黄色），可以用在冬天的落叶树上；而在夏天，对树叶应使用高色温冷光源。有条件的情况下，可对树木等自然物放置两套分别用于各个季节的照明装置。

季节的变化对商业街道结点处的水池最有影响，尤其在北方。水池在冬天大都放空停用，从而改变了该地区的夜景观特征，所以在规划时必须考虑到这一点，作为相应的冬季夜景观变化措施。哈尔滨充分利用冬季积雪，把雪作为突出街道夜间景观个性的背景，制作成冰雪雕塑，来美化冬季城市夜间的景观。

对于大自然中的季节变化、气候、晴天等因素，只要认真加以研究利用，都会成为丰富商业街夜间景观的不可缺少的因素。

7.3　沿街建筑夜景观规划设计

（1）街道轮廓线

商业街街道夜晚轮廓线由沿街建筑立面轮廓线与天际线构成。

①沿街建筑立面轮廓线。包括两个层次：第一轮廓线与第二轮廓线。

第一轮廓线又称为实体轮廓线，由屋顶的轮廓构成，屋脊与山墙的多种形式赋予轮廓线以鲜明的个性；第二轮廓线即附加在建筑实体上虚而不定的物体轮廓线，例如：霓红灯、招牌、灯具等。第一轮廓线表现结构与秩序，清晰地形成轮廓图案；而第二轮廓线无序、非结构化，应将第二轮廓线尽可能地组合到第一轮廓线中，形成完善的夜间街景。

②商业街街道天际线由表层轮廓线和衬景轮廓线共同构成。

对于较窄的街道，由于视域较窄、较短，因此衬景轮廓线难以看到，街道空间轮廓线主要由表层轮廓线来完成和体现，它们所形成的轮廓线变化既要清晰醒目，又不能造成视觉上由于变化过大而引起不适。这时沿街建筑立面轮廓线显得尤其重要，而其中建筑顶部处理又成为商业街街道夜景观的重点，类似坡顶、退台等屋顶形式，会因其丰富的外形及层次而使街道轮廓线呈现出轻松活泼、生动多变的效果，因此在夜间可以酌情加以表现。

对于较宽的街道，天际线通过表现轮廓线与衬景轮廓的和谐配合来完成的，此类街道的表层轮廓线在充分表现自身的同时，必须顾及纵深层次轮廓线效果。

建筑顶部在暗夜的表现形式一般有两种：轮廓照明与泛光照明。如果建筑的顶部表现采用泛光照明，衬景轮廓线则采用轮廓线则照明或亮度、彩度低一等级的泛光照明方式，便可形成多层次的街道轮廓线。另外，在街道的转弯处，街道透视灭点处及街道长距离观景点等关键部位，应通过具有标志意义的建筑来使轮廓线更具特点。

（2）商业街沿街建筑立面处理

街道空间主要由建筑物墙面围合而成，因此建筑物立面夜晚的表现的形式决定了人们对街道夜空间的心理感受。由于昼与夜商业街空间图底关系的翻转，人们对街道空间的舒适度不再以 D/H=1 为标准（D：街道宽度，H：街道两侧建筑物高度）。在灯光的笼罩下，黑夜压缩了街道空间，呈现出低平向远处延伸的空间感。所以，对于不同类型的商业街和街道，建筑物围合性立面表现形式决定了街道夜空间的效果。为了使规划设计有统一的尺度单位，可引入古典建筑立面三段式的概念。

①建筑底部。人在商业街道上活动，视觉范围通常在地面以上 10m 左右，即建筑的一、二层，由这段建筑的尺度、细部、风格等渲染而成的空间环境最能影响行人的行为活动和视觉感受。这段建筑立面上的门窗墙面、柱廊、挑檐等的装饰式样、色彩、材料质感及与之配合的室外楼梯、入口处理、庭院、下沉式广场等最符合人的尺度，刻画最精巧细致，也是街道空间中最有魅力的观赏地域，可作为街道夜景观的重点表现之处。现实生活中，由于户主的需求不同，各类建筑物往往表现过于杂乱，难于统一，使街道空间表现为轮廓线交杂、视线无处停留。设计时可以根据街道性质与实际状况，提出统一的夜景观要求，比如，街道中段可重点突出表现底层，而在结点处，建筑二层、三层都可以统一表现。

②中段。人在街道上活动的正常视域内，建筑的中段一般只作为街道的衬景。在街道宽度远大于建筑物底部高度时，为增加人的空间舒适度，扩大街道空间竖向感受，对建筑物中段进行适当的照明。建筑物中段照明可采用泛光照明，对于建筑物中段有特色的部位，可以适度加以刻画。一般情况，不必刻意突出表现。

③顶部。建筑物顶部是街道轮廓线的组成因子，建筑物的三段式照明之间应有所联系，或在照明方式上，或在轮廓照明方面可以精心勾勒出生动的街道轮廓线。在色彩表现上，人为地将建筑物立面分段处理旨在使整条街道的建筑物夜景观在横向上有所联系，在竖向上有所呼应，形成不同层次、不同韵律的夜空间体系。

不同宽度的商业街其沿街建筑立面的纵向上有不同的表现重点。当人们在较窄的街道上行走时由于视域的限制，可能会过多地注意建筑底部的材料、质感和细部的处理及橱窗陈设等局部效果，对于建筑物的顶部形式却很少留心，此时沿街建筑底层立面是夜间的表现重点。而在较宽的街道上行走时，人们除了注意建筑底层局部效果外，更多地是注意建筑的中上部及群体的构图与轮廓线，这时建筑的中部及顶部形式的处理成为必须考虑的问题。在街道夜景观表现中，由于缺乏这方面的考虑，屋顶形式常常被人们所忽略，导致夜间街景缺乏表现力和感染力。

在商业街夜景观规划设计中，既要考虑夜景观整体的和谐美，又要有局部的独立创新，即在整体统一的景观中带有灵活性的变化，以创造出富有生气的街道夜景观。采用使建筑物外墙表现位置一致的手法创造协调统一的街道夜景观是古典观设计方法之一。这种一致包括：屋檐高度一致、墙面线一致、屋顶形式与坡度的一致。这种三线一致的设计手法虽然能使街道显示出统一之美，但是过分的整齐却会带来夜景观的单调。在有连续性的沿街建筑群当中，一些带有地区标志的建筑物和小型公共空间应重点在夜间表现出来，这样能够增添街道夜晚的活力。这种街道夜景观的设计方法最适于统一规划的街道。也就是说既有统一的整体美，又有局部的灵活变化，以此来表现夜间各种不同的景观。

以上处理手法的选择要按照商业街的状况、地域的实际情况等进行综合判断。

（3）建筑后退红线空间的处理

建筑后退红线既是规划的要求，也为建筑师表现建筑提供了可能。建筑师可依此展开一定的空间序列，烘托建筑。在这样的空间里，往往布置有花台、座椅、小品、水池等"城市家具"，是人们休息、交谈、漫步的场所。在夜间，它更是人们比较有安全感的私密性场所。

这类空间由于介于商业街空间与建筑物之间，因此它们的照明往往为人们所忽视。事实上，仅靠街灯与建筑物内透光照明是不够的，一是亮度不足，二是街灯与之相比，尺度还是偏大。庭院灯、草坪灯、脚灯更益于此类空间在夜晚形成独具风格的夜景观层次。

7.4 街道设施设计

（1）灯具与行道树的处理方法

①在夜晚保证树木花草的外观翠绿、鲜艳、清新，光源的光色尽量要与环境配合，使城市夜景观更自然、舒适；

②把路灯与行道树有韵律地并置在一起，使夜间各种树木在灯光的作用下也能发挥出绿化的魅力；

③灯杆的高度应根据树木高度而定，比如，当树高为7～15m时，灯杆的高度可为4～5m；

④在夜间，以彩色灯串置于行道树上，或掠过人行道空间，可以增加空间的气氛，创造出特殊的夜间景观视觉效果。

（2）灯具与路面的处理方法

①路灯与铺路石相配合。将照明灯具支柱的设置与路面铺设有机地结合起来，使它们完整地形成一体是一种积极的设计手法。路面如果采用细小的铺路石，在灯光的作用下会产生微妙的变化，使夜间的路面更具有魅力。随着距离的延长灯光逐渐减弱，会给人们留下深刻的印象。

②街道设施的根基处如何处理，对街道整体景观（无论是在夜或是白天）有很大的影响。照明灯具的设计、制作再好，但如果底部安装部位的路面处理不好，也会影响整体效果。最基本的做法是在做底部埋设处理时不要露出痕迹，这在规划说明书中应予以说明。

（3）灯具支柱的色彩构思

照明灯具自身具有白天与夜晚双重景观作用。一般来讲，灯具的功能发挥在夜间，照亮夜间街道

图7-1 商业街设施照明

景观的作用；而白天映入我们眼帘的只是发光部位的支架，所以它往往处于被人们遗忘的角落。事实上，灯具的支架作为街道景观构成因素，理应纳入街道景观规划设计，因为灯具在白天一样充当着街道景观因素。

灯具支柱色彩的选择对于街道景观的形成有着重要的影响。当支柱的色彩呈高明度、高色调时，街道照明与夜景观整体的协调往往是比较困难的。一般来说，采用艳丽的色彩会给街道增添明快、繁荣的气氛，但如果不注意，倒更容易使街道变得庸俗起来，而且与其他街道设施的色彩竞争，会造成街道景观混乱、主次不分的视觉效果。灯具支柱如果采用低明度、低色调的色彩，虽然街道景观会给人一种暗的感觉，但会更加突出城市街道景观，在调和其他设施的色彩方面有许多益处。

最积极的手法是根据色彩的选择，创造出街道景观的统一性，即：先决定街道的基本色，再选择与基本色调相应路灯支柱的色彩，使灯支柱、防护栏或护路石、垃圾箱等基本色彩统一，这在规划阶段是容易做到的。这些色调控制在素色比较容易，而且符合我国人民的色彩心理。艳丽的色彩只能突出自身的个性，而难以与其他颜色协调，最初设置是增生的新奇感会随时间的延长出现令人厌烦的倾向。

7.5 人行道夜景观设计

街道对商业街来说是线，但对人的活动而言则是一个面。街道上大部分设施根据人的尺度与活动设置在人行道上，被称为街道"家具"。一般包括：花坛、电话亭、邮筒、垃圾箱、路灯、座椅、户外艺术品及行道树。这些"家具"一方面界定了人行空间，同时也塑造了人行空间的运动感或滞留性，引发人们不同性质的静态与动态活动。从景观效果来看，这些"家具"大多对城市白天的景观影响大一些，但如果从使用性来讲，它们却是夜晚行为活动的主要服务者。白天是理性的世界，有谁在匆忙之际停坐下来去品味它们呢？

商业街道的夜景观规划设计可以采取以下两种基本手法：

图 7-2 人行道夜景照明

(1) 强化夜间人、车空间的界定因素

①最有效的方法是以行道树来界定了行道聚集的空间，人行道以两排行道树或单排行道树—沿街建筑物及其上的突出物（如：雨篷、招牌）来塑造有行人尺度的人行道空间。

②利用其他公共设施，如：花坛、座椅、邮筒、电话亭等。

在白天，它们常通过色彩与造型以引起人们视觉上的注意，并能适当地反映地域的特性；夜晚，可以利用灯光对其色彩与造型进行二次设计。

③理论上，在夜晚以路灯来界定人行及车行空间是非常有效的方法，但事实上，许多在白天令人满意的人行空间到了夜晚却并不令人满意，存在的主要问题是缺少人行路灯，使人行道照明不足，花坛、座椅、邮筒、垃圾筒等设施淹没在黑暗中，被人们遗忘，更谈不上景观了。解决的方法就是增加人行道照明。一般来说，人行路灯应以较柔和、暖色、低光源为好。人行路灯可置于建筑物上。对较宽的人行道可增设庭园灯、蘑菇灯、草坪灯等小尺度灯具。

(2) 塑造街道夜景观特色

①商业街的街道相连成为网络，为人们提供在夜间城市中运动的坐标系。交通信号标志需要统一设计，使街道自成特色，有别于其他街道，并避免街道形象数字化。同一街道的街灯造型一致，而与之相连的入口或出口街道灯造型则采取"统一中有变化"的原则。十字路口、行人过街天桥及地下穿越道出入口处应设置标志，以引起视觉上的注意。

②商业街由于街道相对变窄，公共设施相应减少，这时以满足交通功能要求为主，但街灯仍以具有本街道特色为原则，明度适中，可交错布置。

③具有历史特色的街道一般以步行为主，路灯的造型此时变得十分重要，应该与街道特定的气氛相符。有时为了强化这种气氛，照度要适当降低，特别制造出幽暗的气氛。

④步行街上各种设施是根据人的尺度来设计的，所以细部表现较多。白天，人们很容易能够感受到，而利用局部照明在夜晚也可以达到这种效果，甚至可以满足人们灯下读报的行为需求。

⑤商业街道路景观设计中，常常利用行道树、座椅等其他可重复使用的设施来营造街道线状的韵律感及运动感。在入出路口、咖啡座等人群密集的场所，则应增加设施的密度来造成滞留感。而在夜间，由于路灯更能引导运动及制造停滞空间，所以可在十字路口等滞留空间增加路灯的密度，提高活动频率。

⑥建筑物附属设施统一规划，如遮栅栏与灯箱的景观规划。

7.6 街口夜景观规划设计

街口是商业街的结点，它的面貌影响着整条街的夜间形象。由于商业街街口通常是人流、车流会集之处，因此各种广告牌繁多成为它的主要特点。许多街的街口成为广告展示场，大大小小的、不同光色的、不同表现形式的广告充斥着街口的夜空间，广告的确能为商家带来一定的经济利益，但如果与安全性信号标志在空间效果上本末倒置，会适得其反。街口的夜空间规划设计首先必须满足交通功能的要求。

城市街道交叉口按交通形式可分为两种：有环岛的结点和无环岛的结点。

(1) 有环岛的结点

这一类街口往往是以车流为主，连接的是城市主要干线。由于没有大量人流的复杂穿越，交通信号标志较少，使交通功能相对简单，对夜景观的处理相应容易一些。

①环岛景观化。采用高杆照明，灯杆造型尽量表现出地域特色。环岛及其内部的雕塑小品作为重点表现。许多城市把环岛绿化，在夜晚，通过灯光与植物的不同组合形式，创造出各具特色的城市结点景观。

②广告规范化。广告是环岛景观的背景，不能喧宾夺主。在对结点进行视觉分析后，按照广告的大小、色彩、内容分类，设置在最合理处。广告要与环境在尺度上统一起来，并要尽量降低广告的聚众性。电子显示屏由于在夜晚的高清晰度和动感，最能吸引人们的注意力，会引发不同程度的交通干扰现象。

图 7-3 街口照明图

图 7-4 街口照明图

(2) 无环岛结点

这类结点的特点是交通标志较多。许多商业街由于忽视了对交通标志的重点处理，形成了夜晚景观杂乱，建筑物、广告牌、霓红灯、信号灯竞相争艳的局面。处理原则有两点：

① 集中统一。把街灯和交通信号标志集中处理，减少街灯处林立的支柱，也便于人们寻找。

② 层次性。在结点处，无论平面组织或竖向组织，各种景物在不同层面上展开。许多商业街街道上设置了灯箱广告，发光强度甚至比街灯更高，在夜间极易引起眩光与视觉的混乱。如果说在街道线性域段内设置这种广告，以其形成的强烈韵律加深城市商业化繁荣气息，那么在结点处应加以限制。结点三个层面中，交通信号标志采用高亮度、高色调的照明，而另两个层面则低亮度、低色调处理，这样就形成了以功能为核心，广告及其他夜景观因素为背景的层次分明的结点夜景观。

第8章 商业街灯光环境设计案例

8.1 杭州南山路照明设计

杭州,一直以来都凭借着其清秀淡雅的迷人风光和浓郁丰沛的历史文化,吸引着源源不断的中外游人。环湖而成的南山路文化街更是众多游人品味西湖、娱乐休闲的重要聚集地。

日暮蔼蔼,漫步在青石人行道上,林木浓郁密蔽,幽合拂石。西侧,西湖犹如长廊上活泼的壁画,美得有些虚幻;东侧,错落有致的画廊、茶室,细密的窗阁,雕砌的楼台,如少女细腻的容颜掩映在江南的清纱薄雾之中,无处不渗透着幽雅的古朴之风。当夜幕降临时,月光里的南山路更期待着披上光彩亮妆。

(1) 设计思路

结合南山路特色的不同特点。不同的景区有不同的主题,其夜景照明方式也不同。一般分为政治文化区、商业区、风景区、工业区等。景区内由道路照明、街景立面照明、广告照明、灯画照明、节点照明组合,不同景区之间由城市主轮廓有机连接起来。

(2) 设计原则

①从光色着眼,追求淡雅的清新之风,以映衬建筑景观的古朴之美;从光效着眼,融光于景,以光铺景,避免造成光对景的破坏,最终达成光中有景、景中有光、光景合一的整体表现效果。

②在历史文化氛围浓厚的南山路的照明设计中,大胆采用颇具欧美风情的表现手法,以现代科技之光照亮百年古老之城。整体追求一种融合对比的

图8-1 杭州南山路照明设计

图8-2 重点景观照明

图 8-3　重点景观照明

效果，以体现中西文化的完美结合。

③由于南山路亮化工程景点繁多，要充分体现设计主题和休闲文化的特色，必须做到主次分明，整体规划和局部设计相统一，以各个小景点的表现来渲染整体照明设计风格。

(3) 具体照明方式

为体现设计主题，根据设计原则，设计师确定了以下具体照明方式：

①投光照明

投光照明又分静态投光和动态投光照明。

静态投光照明，一般以投光灯、各式墙壁灯等照明灯具为主。对路边主要建筑景观进行投光照明，使之在夜间展现出不同于白天的光效。通过对光色和光分布的角度巧妙运用，来突出建筑的立体感和优雅娴静之感。设计合理的布灯，并注意灯具的隐蔽性。在不损坏建筑整体风格的状况下，使照射对象在背景和环境的映衬下更加闪亮迷人，以获得永久和固定的效果。

动态投光照明，即具有可变光效果的投光照明。通过对建筑整体或局部照明水平的变化来加强照明效果，产生动感，使一些照明景点在夜景照明中个性更鲜明，风格更突出。

②轮廓照明

轮廓照明亦即对物体造型的勾勒、点缀。如运用可塑光管、旁侧光纤、满天星、荧光光管、数码管、冷极管等对树木、花坛、艺术品、建筑等进行轮廓勾勒，配合投光照明形成自然的灯光雕塑，利用明暗对比显示出深远、空明的意境，增加审美情趣，体现五彩缤纷的奇妙艺术照明效果。

③自发光照明

利用光源本身的颜色和排列，创造装饰作用的照明方式。用特殊的照明装置产生特殊的发光效果。通常用装饰带和被照明的图案（艺术品、店铺招牌等）以局部的方式进行点缀。

④声光结合照明

按规定时间间隔的程序，以一个投光照明对象为基础，通过一系列白光和彩色光，结合音乐伴奏和声响效果完成，光色的变化与声控音乐相结合。

⑤间接照明

间接照明即隐光照明。在照明设计中，考虑到灯具安装的合理性及其白天的裸露效果，经常会使用隐光源照明，用纯粹的光来体现建筑景观的美。

(4) 重点景观照明设计

南山路整体照明设计规划为"整体相连，各有重点"。整条街分为5个特色区块：

①柳营路——人民路——开元路

主题定位：浪漫茶吧——南山情怀

目标：形成风格各异、特色不同、层次分明的酒吧茶楼

②开元路——西湖大道

主题定位：工艺字画——南山撷奇

目标：形成以工艺品、古玩饰品、篆刻字画为主体的特色区块。

③西湖大道——南山新村

主题定位：艺术风情——南山艺苑

目标：形成依托美院具有较高艺术品位的，以书画展示、艺术品专卖为主，集观赏、艺术、休闲为一体的特色区块。

④南山新村——司令部大门

主题定位：风味长廊——南山百味

目标：中西结合，凸现个性、别具一格的特色餐饮休闲区。

⑤司令部大门——万松岭路口

主题定位：青春年华——南山寻悠

目标：充分体现青春活泼的时代气息。

(5) 规划实施的质量保障

城市夜景规划及建设工作是一个伴随着城市规划和建设的长期过程，做好此项工作，在不同的时期会有不同的重点、思路和方案，就目前来看，应重点解决系统建构和运行机制完善方面的问题。为了保证规划的实施质量，特提出以下保证措施。

①主要电气设备，材料出示合格证，其他材料如线材、管材、开关、绝缘油、插座、低压设备及附件等也要有出厂证明。合格证有制造厂名、规格型号、检验员章、出厂日期等。

②电器设备实验、调整记录按有关要求的电器设备交接实验标准规定执行。

③绝缘、接地电阻记录主要包括设备绝缘电阻记录，相线与相线、相线对地、零线对地间的测试记录。电气工程接地装置及敷设在混凝土内、顶棚内的照明动力，弱电信号、低压电缆等，均需做隐蔽工程记录。

④应做隐蔽记录的工程有：防雷接地隐蔽工程，各类重复接地、保护接地、工作接地和保护按需工程，电线管暗敷工程，穿过建筑物的套管隐蔽工程等。

图 8-4　重点景观照明

图 8-5　道路照明

⑤隐蔽记录的填写内容：实际安装的位置尺寸、标高、埋设材质、功能要求等，各类暗设电线管路、配电箱之间及管接头处焊接质量情况，接地线防腐做法等。

⑥灯具开关、插座等电器设备和安装座标应符合设计要求，上下层同一轴线的坐标误差不得大于50cm，开关，插座的标高应一致，允许偏差5cm，开关或插座不宜装于门后，在一个工程中开关面板应统一。

⑦导线的连接：每股钢芯线应用同规格的铜接头的压接或做成"单眼圈"状搪锡；单铜芯线绞接后可采用塑料绝缘压接帽或搪锡；单股铜芯线绞接后可采用塑料绝缘压接帽或搪锡部位应均匀饱满、光滑，不损伤导线绝缘层。

⑧相线、零线、接地线都严禁串联连接。接地线应单独敷设，不准利用塑料护套线中的一根芯作接地线。接地线颜色应为绿、黄双色或黑色，不得与相线、零线混用。

⑨电路故障保护方面严格按照"每套路灯应在相线上装设熔断器"确保不使一套灯具的电路故障影响整个照明系统。

⑩在街道或重要景区电器电路采取多路控制，且控制系统力求智能化，使日常或重要活动时的景观照明区别设置，为节能和控制费用提供必要的技术支持。

8.2 长春市建设街道路夜景观规划设计

（1）设计思路

营造一条繁华、热闹、灯火辉煌的饮食街形象。

以西安大路口和建设广场为突破重点，在灯光的使用上主要采用对比色调，强调和渲染百业正兴、车水马龙的饮食、娱乐、文化气氛，灯光应用简洁而有现代感。

充分体现建设路食街这一城市功能定位，灯饰的设计、灯光的运用均应体现独特风格，在吸收其他城市好的经验基础上加以创新，使整个灯光设计别具一格，令人耳目一新，整体照明设计具超前意识。

在灯光工程的设计中应兼具永久性与时效性，尽可能从长远打算，避免重复建设，使工程资金得到充分利用。同时提倡"绿色照明"强化环保概念，防止光污染。

灯饰除光源的采用上符合一定技术标准外，造型要新颖，以满足人们日益更新的品味追求，表现审美倾向的照明文化性和艺术性，重视照明的装饰作用以及制造气氛、情调的功能。

（2）照明方式

①投光照明

对建筑立面进行局部投光照明，使其形成一个受光面，在光环境下比白天更显恢宏壮观，通过对灯光的巧妙运用，来突出建筑的几何空间与平面，合理布灯并注意灯具的隐蔽性。

②线光源装饰照明

主要用于勾勒建筑轮廓或组成灯光壁画，其优点是很容易提炼出媒质的形体，冷极管、数码光管、动态霓虹灯材料、光纤产品等只传光不导电，安全耐用，适合于任何亲水空间、庭院步道，且光线柔和、无限混色。

③固体发光照明

这是灯光与雕塑、小品的完美结合，表面用特殊材料，可设计为各种造型，夜晚通体发光，有强烈的视觉效果，其发光材料一般由数码光管、LED智能变色系统等变色发光设备组成，能变幻多种色彩，光线柔和、动感活跃。

④庭园灯、景观灯照明

以其运用在道路或入口处，含有较多功能照明的成分，其效果重点表现在灯体的款式和发光方式上，款式新颖的庭园灯是整个夜景景观不可或缺的组成部分。

⑤道路照明

本路作为中心区主环线已经具备标准路灯作为功能照明，但在道路景观方面，缺乏新颖的造型和丰富的色彩变化。在本方案中把整个路网分为三个部分，设置不同款型的庭园灯和景观灯，使人在道路行进时保持新鲜的视觉感受。路两侧每30m安装两盏庭园灯以补充底层的照度不足，整齐而有色彩变化的数码庭园灯柱，亲切而又聚合人气。立杆式的庭园灯综合了投光和内透两种效果，简洁而有序列感，并且进行保护以避免人为破坏。食街最热闹繁华的中段安装新颖数码光管，行道树用每种造型的挂树灯装饰，形成道路底层景观。建设广场和解放大道交叉的位置有一排高大树木，则用立杆彩卤灯照明。线路采用专用的景观照明线路以便分段设置，集中控制。

⑥建筑照明

从整体上看，本案道路两侧的建筑基本没有特色，但照明仍可以改善其夜间景观，临街建筑采用上下投光，冷极管、T5管等线光源和LED点光源结合照明方式，改变照明的位置和投光的角度所得到的照明效果将迥然不同，对于吉大附小、审计局、御香苑、大世界肥牛、太阳会等主要建筑作重点照明。

底层商铺统一采用落地玻璃或展示橱窗，形成自然的内透光效果。门前人行道不设停车位，以方便行人购物、饮食、娱乐。

行道树采用照树灯装饰，根据树种和投射方式，分离出软质量景观中丰富而有变化的层次感，道路两侧树木连续性较好的路段采用一杆两灯的照树灯照亮，部分地带的大柳树则用镁耐管缠绕，树上安装灯光小品或星星灯串以丰富软质量景观的夜景效果。建筑立面结合商家霓虹灯照明形成中层景观，大型霓虹灯与建筑物灯光结合来丰富高层视觉景观。远处平面构成的灯光壁画和大型景观霓虹灯，柔和温馨的庭院灯，75lx的照明标准，丰富的文化娱乐设施，使这条食街演化成一条灯光长廊。

(3) 设计重点

①建设广场入口（图8-6）

安装巨型火炬造型的景观灯——火炬光柱，高约15m，宽5m，功率20kw，灯管采用数码光源。色彩达到七彩追逐，七色流星雨扫描；灯杆材质为进口pc罩，直径600mm灯罩为铸钢构造，指示牌采用LED和其他特殊光源组合而成，灯亮后有车轮旋转（40种变化）、火焰燃烧（10种变化、），寿命长达10万小时以上，上面可以安装广告牌，具有较强的区域标志效应和经济效应。一侧采用"节节高升"和"风车"等景观照明灯具，路口人行道内侧顶部放置弧线造型的广告位，可以同时展示数个商家和食品的介绍，广告位在光源上采用最新冷光片和数码技术，这种技术可以同时翻动内容和变幻色彩。

②西安大街路口

北药集团侧立面设计一幅灯光雕塑，路口采用具有广告效应的展示板、地面采用冷光片，使其有光线强弱变化。路口设计灯光广告小品"书"，距路口150m的建筑顶部安装灯光小品"西部女郎"。由霓虹灯材料加高精度喷绘制作。

8.3 徐州户部山步行街灯光环境设计

(1) 设计范围

彭城南路北入口及彭城南路北段（含门面、屋面）、马市街入口、四广场（解放路广场、王陵路广场、马市街广场、崔家巷广场），同时设计步行街导向系统（含亮化）。

(2) 设计思路

图8-6　建设广场入口

户部山步行街建设在徐州千年商业城，商业氛围浓厚繁华，商业街借名山建名街，古典的建筑融合现代科技，具有历史感又有现代气氛。

目前整个户部山的步行街的灯光环境表现一个"乱"字，建筑上的广告牌（包括霓虹灯）没有统一安放，店招更是形式多样，各自为政，现代的庭院灯、路灯款式，与街道的建筑古典韵味不协调。各广场照明方式单一彼此无联系，商业气氛不够，入口没有做什么处理。整体没有一个统一的主线，思路不明确，主次不清，缺乏有震撼力的引导和重点部位的灯具设计，不能给人们留下深刻的印象。

灯光景观设计时主要把握一条主线——古典风格，总体概括为"一线三广场两入口"，街道安装与古典建筑统一的庭院灯，对街心的休闲椅和凉架用地埋灯和冷极管照亮，使整体的亮度达到200lx，突出步行街主入口用高12~15m灯柱排列在入口两边，大面积的发光面加七彩变幻和顶部的空中玫瑰在夜间确定步行街入口的方位，吸引消费者进入步行街，三广场表现各自的主题，中心广场用梦幻水幕激光表演，加强商业气氛，将整体引入高潮。具体表现"两汉古街""彭城之心"两大概念。有"两汉古典风格，海纳百川，与时俱进，而又自然而然"的景观效果。

①在步行街的任意视点都能感受到"古典步行街、历史步行街、科技步行街、文化步行街、亮之步行街、动之步行街"的景观氛围。

②把步行街设计的范围看成一条线、一条纽带，让其有规律地亮起来，形成一条亮带。根据各段不同的特点进行景观照明，大胆运用点、线、面的表现元素和多种照明方式，达到动静明暗分区明显，动中有静，静中有动，主次分明，色彩协调，又有强烈的震撼力的整体。

③以徐州的整体灯光和经济、文化、科技以及未来5~10年的发展为基础，从整体出发，运用科技的手段，形成"兼收并蓄、海纳百川，都市风情，雅俗共赏"的夜景特点。

④艺术灯光在建筑上大面积地运用亮度与节奏的融合，霓虹灯和广告牌、灯光壁画等宣传了本地的名牌企业又显示了经济的繁荣。

⑤两种景观，三度环境概念。"白天见景，晚上见光"、"8小时工作环境，8小时生活环境，8小时休息环境"是这里夜景观设计的目标。

⑥在现有灯光的基础上运用各种方法力求达到最佳方案，做好城市的形象工程。

(3)景点的具体设计表现

①马市街广场(图8-7)

明清建筑风格的建筑，灰砖青瓦，两条左右对称由大型霓虹灯制成的龙型图案置于屋顶，遥相呼应，古色古香，富有文化古韵。瓦面用Pa灯打亮，墙体以冷极管勾勒，以黄、蓝色为主体，底部由地埋灯与造型古色古香的景观灯相搭配形成立体的灯光图，具有很强的引导性，突出了主建筑主体所特有的地方艺术风格，具有很强的艺术渲染力。

②王陵路广场（图8-8）

中心广场设计以喷泉为重点，整个景观以此为中心向四周展开，灯光布局在此达到一个高潮，极具生动的照明方式，表现出了中华五千年灿烂文化的深厚内涵，喷泉在城市之光的映照下呈现各种色彩，两端屋顶安装激光灯投下的绿光映射在喷泉上形成气势恢弘的主体交叉光影造型，与户部山顶端戏马台安装的长空利剑摇相呼应，令人流连忘返。

③崔家巷广场（图8-9）

突出了"绿色照明"之环保新概念，根据光分布与视觉的关系，有效地控制了眩光，以蓝色冷极管勾勒屋顶，绿色树照灯点缀树木，再配以灯光柔和景观庭院灯，将以休闲为主的功能巧妙地运用灯光语言表述出来，使人们在路径的延续中欣赏灯光环境的美。

④户部山灯光整体设计（图8-10）

户部山由于其特定的环境及其功能作用，要求设计既庄重典雅又不失情趣的照明效果，运用蓝色冷极管勾勒屋顶，黄光纳灯打亮瓦面，尽显明清时期砖木结构风格，山顶保持完好的汉代顶王戏马台建筑以黄色点光源勾勒越发显现出古典风格，以长空利剑环射苍穹，今夜将无人入睡。动静结合、古典与现代结合形成如诗如梦的夜景氛围，营造出户步山的地域标志。

⑤马市街入口（图8-11）

马市街为中华名小吃一条街，从明清到现代一直为远近闻名，一盏独特艺术灯具，体现食街源远流长的饮食文化，灯身采用明清建筑元素，雕刻工艺，中间雕刻出篆体"食街"二字。对建筑物则采用黄光照明来营造古街商业气氛。

⑥解放路入口广场（图8-12）

设计师结合广场建筑风格设计了两套大型中华灯柱,灯身为古饰花图案,灯具头部设计为古建筑的支撑结构,极具张力。喷泉则采用光纤同步变色达到变色舞动的效果。

在建筑物设计一幅光纤动感壁画,以美女放飞白鸽图案来寓示古战场徐州和平来之不易。同时在建筑物上运用各种灯光手段,营造一种热烈喜庆的气氛。

⑦户部山后入口广场(图8-13)

灯光强化了户部山金碧辉煌的建筑风格。

在踏步之间设计光源流水壁画,通过控制可以达到众星拱月、流星雨变色的效果。

广场口则安装极具特色编钟灯具,来切合整体建筑风格。建筑物则运用黄光突出古典热闹气氛,同时运用门牌、广告来衬托浓厚的商业气氛。

⑧彭城路主入口(图8-14)

两盏大型灯光雕塑将入口妆扮得更加亮丽。简洁明快的灯具上部采用龙的造型。利用激光、光纤营造腾云架雾的效果,灯具则采用古代建筑窗花结构,雕龙纹凤、古朴大方内置意大利PC罩;利用动感LED技术,变幻出流水、雨点等各种色彩效果,与龙腾雾绕的头部紧密地结合在一起,白天古典大方,夜晚又有龙踏祥云、雾云缠绕的动感画面。

在左面建筑上,设置一大型动感音乐壁画,声动则舞、声弱则息,七色交织,回味无穷,形成动静结合的美丽图案,营造出浓厚的商业氛围。

⑨彭城路主街(图8-15,图8-16)

迈入彭城路步行街,就进入徐州市明清风格的建筑群,为了在夜间体现这一特点,我们运用立体交叉的手法,将街道两侧的灯饰分为三层,高层是以大型霓虹灯、灯箱和泛光灯照明形成主夜景,运用各具特色的标牌灯光、灯箱广告和霓虹灯构成中层夜景,以小灯饰和橱窗照明在底层形成了光的"基座。"同时在街道上设计独具户部山特色,古朴庭院灯将主入口、马市街广场、王陵路广场、崔家巷广场有机地联合在一起。

整个步行街景观照明力求保持原有建筑风格,又融入时尚,屋面用黄光在喧染,灯箱、大型霓虹灯在设计上推新求异,与建筑物本身结合在一起,动中有静,静中有动。运用激光、光纤、LED、环保灯具,将这条文化古街之光传递得更高更远。

8.4 长春市新民大街等主要街道景观照明设计

8.4.1 设计原则和指导思想

(1) 从长春的现状和总体规划构想出发,挖掘长春的历史文脉特色,展现城市新风貌,以继承创新为基本指导思想。

(2) 结合城市的整体规划、发展战略,并与之协调共生。

(3) 照明设计结构框架清晰,为可持续性发展奠定基础。

(4) 借鉴国内外经验,保证设计的前瞻性。

图8-7 马市街广场

图8-8 王陵路广场

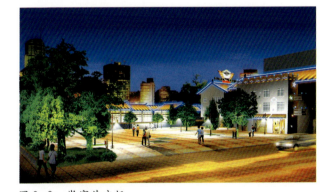

图8-9 崔家巷广场

图8-10 户部山灯光整体设计

图 8-11 马市街入口

图 8-12 解放路入口广场

图 8-13 户部山后入口广场

图 8-14 彭城路主入口

图 8-15 彭城路主街

（5）强调以人为本的原则，确立人性化的设计思想。

（6）以科技含量为依据，切实支持前瞻性的实施和可持续发展方针。

（7）通过夜景照明设计，促进长春市的发展和城市精神文明建设。

8.4.2 新民大街照明设计——长春历史文化中轴线

（1）现状分析

①新民大街是上个世纪30年代末发展起来的，在中国独一无二的"兴亚式建筑"群，有鲜明的时代烙印。西方样式中强调东方风味，展现了30年代末精湛的建筑水准。街道中心绿化带宽敞，植物分布比较有层次，中

间为高大的松树，向外为中型乔木，再外为灌木和绿篱，道路两侧有建筑围墙和庭园绿化，然后是建筑，整体街道结构层次完整、分明。

②通过对街道、局部节点(重点建筑)、区域划分三个层面的分析，这几条街道处于长春市的中心位置，并且是吉林大学校区所在地，具有长春历史、文化的中轴线的结构特征。

③夜景照明设计框架由点(节点)、线(街道)、面(区域)有机构成，应用道路、绿化、庭园、围墙、建筑等设计要素构成夜景照明设计的体系。

设计定位：照明定位在既要体现文化生活的人性氛围，同时又能从积淀的文化建筑上体会到其包含的历史文脉。

(2) 解决方案

① 道路照明：(图8-17)

以功能性照明与景观照明合二为一类型的灯具作为道路照明灯具选择的主要方向。灯具适合东北特征，抗风霜雨雪，抗温差，高度控制在8m以上，如主题设计的"扇子灯"高9m，底座边长0.75m，高1.8m，将现代工艺和传统的造型手段融为一体，充满了肃静幽远清雅柔和的东方文化情调，"华表灯"高9m直径0.5m，顶部华表造型，钛合金窗格紧扣大气、幽雅、仿古、创新的主题。

中华灯：极具仿古建筑风格，突破传统照明直射效果，灯高8m，灯杆采用古朴大方的窗花雕刻工艺，通过压铸抛光、磷化、烤漆处理达到逼真的仿古效果，具有明显的东方建筑风格。

②绿化照明：

中心绿化带采用不同形式的照明如：地埋式、落地式、灯杆式，并且灯具表面设置造型加以掩盖如蘑菇、高分子网球等，光色以绿光为主，可以适当地加入白色、紫色、黄色等其他彩色作为点缀，在绿篱位置安装草坪灯露出灯头，从远处看由点连成线，隐隐约约柔和而幽静。

③围墙照明：

采用柱头灯、户外壁灯结合围墙植物照明，灯具造型切合环境，每段区域采用不同的夜景围墙造型，给人移步换景的感觉，成为新民大街的又一风景线。

④庭园照明：

庭园林木茂盛，树种较丰富。对庭园的照明原则是若明若暗，以点缀照明为主，草坪灯、彩卤灯、照树灯、庭园灯有序错落将庭园景观透过围墙表现的扑朔迷离，紧扣幽雅的主题。

⑤建筑照明：(图8-18)

对于新民大街所谓"兴亚式建筑"，本案在其照明设计上紧扣稳重、简洁、朴素、大方的主题，建筑表现的重点部位是塔楼门庭和琉璃瓦，分别用不同的光色区分层次，真实地反映出建筑表面的材质、色彩、纹路浮雕，还原建筑的本来面目。采用黄白两色投光照明为主，以采用不同形式的光源、配光角度、投光方式等在统一的色调中寻求变化。对于现代建筑而言就采用点(LED点)、线(冷极管)、面(投光灯)结合的照明方式，光色和形式也可以更加活泼一点。主要亮化建筑有：基础楼、吉大校部、省图书馆、461医院、吉大一院、吉大三院、预防医学院、长春日报社、银贸大厦、长白山宾馆、电视台、电视发射塔等。

图8-16　彭城路主街

图 8-17 道路照明

图 8-18 建筑照明

⑥新民广场照明：（图 8-19）

作为新民广场的南端节点，中心安装景观雕塑，周围为中型景观灯组合，灯体采用中式窗格作为景观元素象征中国传统文化在传承和发展过程中要与时俱进，或者安装大型反映历史文化进程的浮雕柱、浮雕墙组合，来记录历史、记录长春的文化和发展。

8.4.3 解放大路照明设计　展现今日辉煌

（1）现状分析：解放大街的格局有点像北京的长安街，在文化广场前面，贯穿城市的中心，道路结构为四排树五排路，人行道侧有参天大杨树，行道树比较完整，有光大银行、人才大厦等较多的高层建筑两侧。

设计定位：展现长春现代化建设成就；街道车水马龙，两侧高楼大厦林立，广场游人欢乐祥和，金融、经济可持续性发展。

（2）解决方案：

①道路照明：

在行车道双挑路灯照明的基础上，在人行道侧设置中型景观灯，风格突出其现代化气息，通体透光，造型张扬，高度在6.5m以上，抗撞击敲打。如珍珠钻石灯，飞碟灯等，在靠近文化广场的位置设置四盏大型航标灯在主入口的两侧，作为道路的高潮，并且自然衔接了文化广场大空间、新民大街。

绿化隔离带照明：隔离带中的松树采用一杆两灯的照明方式分段照明，人行步道的杨树可以采用景观灯顶部安装照树灯的方式照明或者在条件允许的情况下直接把灯具安装在树上。

②建筑照明：（图 8-20）

分三个重点区域，建设广场、文化广场周边、同志街路口建筑等，这些现代化建筑在色彩运用上强调鲜明、响亮、明快、体现大都市气息，采用黄白色投光作为立面照明的主要方式。

在光源形式上加入点、线光和投光结合的照明方式。建设广场建筑包括星宇大厦、人才大厦、艺术学院、吉林粮油公司等。文化广场由于视野比较开阔周边的建筑都要做亮化，同时规范广告牌的设置。要亮化的建筑包括：省移动通讯、农业发展银行、光大银行、人民银行、吉大留学服务中心、光大证券、水院等。

8.4.4 东西民主大街照明设计——文化广场的延续和过渡

东西民主大街是环地质宫的一条环线道路多为居民住宅楼，道路两侧柳树成荫相对比较幽静的地方。照明设计在原有路灯的基础上增加景观灯——兴亚灯，灯头借用欧洲建筑的某些细节作为灯具的构成要素，灯体方中带有折边效果，有欧洲现代建筑简洁的装饰味道，灯具造型更有文化、艺术内涵，作为新民大街的延续和过渡，与文化广场和新民大街相应成章。

根据长春城市特色，给合规划所处的地理位置、周边环境、楼群建筑风格等多种因素，除达到照明所需的基本要求外，建筑及景观原则在本方案中得到全面遵守：

（1）满足人们日益更新的品质追求，表现审美倾向的照明的文化性，重视照明的装饰作用和制造气氛情调的精神功能，强调照明产生的视觉环境的美学功能及心理效果。

（2）在掌握性能的条件下，应注意多采用新技术新产品，增加地域灯光景观的科技含量。充分体现照明新科技及最新科研成果(如运用可变光、光源远置型照明系统、光导技术、激光以及与建筑主题结构相吻合的特别照明装置等)。

（3）重点突出道路景观，同时对建筑物进行主题照明。

（4）建筑物采用高显色性光源进行泛光照明，辅以其他色彩，及其他高科技亮化手段，既突出表现建筑物本身的特点，又丰富了其文化内涵。

（5）投光照明结合点和线光源、单体色彩不宜复杂。

（6）所有建筑的立面照明除置于地面的灯光装置外，在任何地平视角上均不应露出清晰的灯光设备(不包括线光源)之痕迹。

（7）大厦灯光环境设计应考虑节能措施，灯光灵活控制，设置节假日及平时两种控制模式。

（8）根据人体工程学中光对视觉感受的影响，有效地控制眩光，提倡"绿色照明"强化环保概念。提倡把新型节能材料运用到照明中来。

（9）采用中央控制系统，选择高效、节能、安全之照明器具，考虑安装及维护成本、使用寿命等，着眼未来，整体照明设计具超前意识。构筑物的灯光控制方式应为今后采用集中控制做相应准备，内外照明时间应协调，应建立全市集中的灯光控制中心，实现遥控并逐步遥测。

图 8-19　新民广场照明

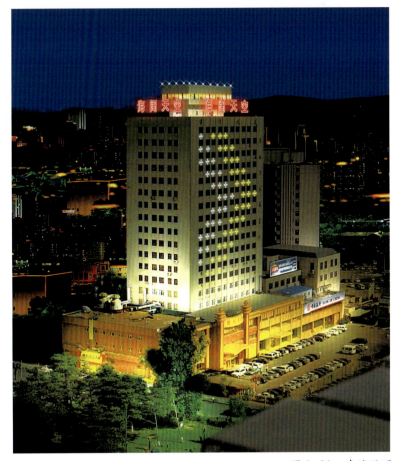

图 8-20　建筑照明

第四篇 商业街灯光环境设计灯具应用

第9章 灯具的分类

灯具是把光源与视角联系起来的媒体。不同的灯具都拥有自身不同的对光源起保护作用的构件，保证从"灯体"中透出来的光，能够获得充分的利用。有的灯体根据不同的需求，具有不同的形状、色彩、体量等因素，能够塑出符合不同需求的光的整体形象。配上不同的构件，则就成了满足社会各种需求的灯具。

9.1 商业街灯具的分类

商业街照明，是通过对灯光的演绎对实施商业功能的街道进行整体形象的再塑造。其灯具类型，可按照明的特点分类为基本照明灯具和渲染气氛灯具两大类。

9.1.1 基本照明灯具

基本照明灯具首先要满足使用者光能量与安全的要求，功能性应大于装饰性，并具有空间的连续性与引导性。根据商业街照明工程使用功能的差异，又细分为：路灯、庭园灯、壁灯、草坪灯、地灯等。

9.1.2 渲染气氛灯具

渲染气氛灯具属于艺术照明，其目的是用来勾画空间轮廓。使商业街的夜空间仍然不失其意境，如果在此时加上色光配合，则可使街头空间更为生动活泼。

另一种是配合各种小品、树木、雕塑、水体等实体物，创造出一种特定的令人兴奋和喜悦的气氛供人们欣赏。这是一种特色照明灯具，如激光灯、水池灯、LED数码管等。

9.2 商业街的灯具造型

灯具造型，是夜间标示城市尺度与特色的重要的活跃因子。

商业街的各种灯具，是联系白天与夜晚景观的纽带：白天，那些经过精心安排的灯具，点缀了街道的景色；夜晚，则充当了人们"第二眼睛"，充分发挥着指示和引导作用。

9.3 商业街照明设备的配置应注意的问题

商业街照明设备的选择主要具有两种功能，一是它的功能性，满足人们生活和娱乐的基本需要；二是它的艺术性，烘托气氛，美化环境，使人们有一个愉悦轻松的心情。商业街照明的历史，最初仅仅局限于其功能，艺术化景观是随着近几年经济文化的发展，才逐渐成为城市夜景中不可或缺的一环。

（1）要根据商业街文化氛围、时代背景以及人们活动的内容趋向来设计灯具的形式，做到灯具的样式与商业街活动内容相统一。

（2）不能忽视灯具与商业街的相互作用及内在联系，结合那些具有艺术美的作品，商业街夜晚画龙点睛。

（3）注意灯具在比例与尺度上的作用，灯具将街道与建筑在比例上联系起来，也是人群与街道在尺度上的联系，说明人的尺度关系，成为空间比例与尺度联系的枢纽。

(4) 注重灯具的配置与其他自然因素相结合。例如：灯具与水相结合，或配以音乐、烟雾效果，来活跃周围环境等。

(5) 注重商业街独特的地位，以使其整体照明效果协调一致。

(6) 街道在形式及组成上，有许多必然的联系，它们的协调与统一是构成街道上环境质量的重要因素。因此，在交通组织及步行区域划分上，布灯都需要统一考虑。并且要注意到街道与各种元素相协调，设计一些人性化的点缀物，如高杆灯、路灯、雕塑、喷泉等环境艺术设计以及色彩、照明等元素。总之，商业街灯具的布局选择应注重公众的可达性及吸引力，环境品质的开发与协调，其数量、大小、分布位置也需要符合商业街的规划构思与性质。

9.4 灯具的作用

灯具是将光源发出的光进行再分配的装置。光源裸露点燃是不合理的，有时甚至是不允许的。裸露光源会产生刺眼的眩光，光线不能全部照到需要的地方而白白浪费许多能源，甚至造成照明时的不安全。灯具的作用主要是：

(1) 保护光源免受伤害，并易于与电源连接。

(2) 控制光的照射方向，将光通量重新分配，使光合理地发挥作用，并造就舒适的光环境。

(3) 美化环境。

(4) 防止眩光。

(5) 保证照明安全。

9.5 商业街适用灯具

商业街的环境是有限的，作为商业街中的元素——灯具的选择，是一种"商业街环境的再创作"，要求设计师能将设计的灯具纳入商业街一定区域，乃至整个街道中，使灯具的选择配置与商业街的总体布局及环境质量密切关连，最终达到环境体性的统一，给人强烈的空间感染力。

涉及商业街照明的灯具的选择多达几十种类，如何将它们做到最合理最恰当的搭配，必需对灯具的性能有较深刻的认识，这是必不可少的一个环节，下面就对商业街适应的各类灯具作一具体说明。

9.5.1 道路灯（图 9-1）

道路灯既着城市道路，又起美化城市的作用。道路灯具分成两类：一是装饰性道路灯具；二是功能性道路灯具。

(1) 装饰性道路灯（图 9-2）

装饰性道路灯造型美观，风格与周围建筑物相称，这类灯具主要安装在重要建筑物与著名广场上，这种道路灯光效不高。

(2) 功能性道路灯（图 9-3）

功能性道路灯具有良好的配光，使光大部分比较均匀地投射到道路中央。功能性道路灯具可分横装灯式与直装灯式两种。横装灯式是

图 9-1 道路灯

十余年风行全世界的款式，外壳造型有琵琶形、流线形、方盒形等，美观大方，反射面设计合理，光分布情况很好。直装灯具有老式与新式两类：老式直装灯造型简单，多数使用玻璃罩和搪瓷罩，配光不合理，灯下极亮，道路中央反而很暗，光的利用率低，这类灯将被逐渐淘汰；新式直装式路灯有设计合理的反光罩，使灯有良好的光分布，由于直装式路灯换灯泡方便且高钠灯、高压汞灯等在直立时工作状态最佳，因此新式直装式灯具近年来发展迅速，只是这种灯的反射器设计比较复杂，加工比较困难。

目前我国道路灯具用的光源主要是白炽灯，高压汞灯与高压钠灯，其中白炽灯占70%以上。白炽灯光效低，仅是高压汞灯的1/7左右，是高压钠灯的1/12左右，这既浪费了大量宝贵的电能，又使城市道路照明值大大低于国际水平，因此要大力推广使用高压钠灯路灯，高压钠灯路灯功率有100W、250W、400W等。100W用于小路6m高的电杆；250W用于中等道路8m高的电杆；400W用于宽广道路10m高的电杆。

9.5.2 草坪灯（图9-4，图9-5）

草坪灯的配置主要用于街道周边的饰景照明，创造夜间景色的气氛，它是由亮度对比表现光的协调，而不是照度值本身。应该尽量避免光源产生的眩光，并避免产生均匀平淡的感觉，最好能利用明暗对比显示出深远来。

9.5.3 装饰灯

目前用于户外作装饰照明的主要是能防水的点光源（氖泡、荧光管、白炽泡等光源外加PC罩）及由点光源构成的线光源（镁氖管、LED软管及护栏灯等），另外亦有霓虹灯、冷阴极荧光管、冷极管、光纤等常用光源。点光源和线光源在用于城市夜景照明方面，其主要特点是色彩鲜艳，其中更以建筑物轮廓照明和景观装饰点缀最为常用。

点光源是当光源的尺寸与它到被照面的距离相比较非常小，在计算和测量时其大小可忽略不计的光源。而线光源则是一个连续的灯或灯具，其发光带的总长度远大于其到照度计算点之间的距离，被视为线光源，它其实也是由一系列的点式光源串接而成。点光源的强弱、间距不同，由于不同的控制，能产生闪烁和追逐的效果，再加上其耐用和易弯曲性，极适于构画各种图案和建筑物的轮廓线。

（1）轮廓灯

轮廓灯照明可能使用多种光源，从照明效果、寿命等方面比较：

①高亮度塑料霓虹灯（镁钠灯）组成的轮廓灯充分表现了建筑物的轮廓特点，可以动静结合，与其他照明方法相配合，能取得很好的

图9-2 装饰性道路灯

图9-3 功能性道路灯

图9-4

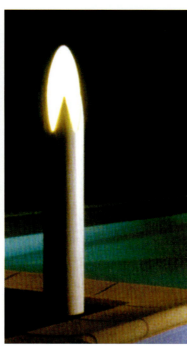
图9-5

照明效果，但是耗电量较大，安装维护略困难。

②自镇流荧光灯组成的轮廓灯亮度高，损坏率低，一次性投资较大，寿命长，维护方便。

③白炽灯组成轮廓灯是传统方法，许多建筑物多年来一直采用，已形成其特有的形象。但是白炽灯灯泡寿命短、易损坏，维护工作量大，在使用中经常出现轮廓断线，影响照明效果。

④霓虹灯管做勾边轮廓灯的效果也尚好，价格亦便宜，但因灯管细长，需要高压引燃，灯管电压高，安装工艺较复杂，易损坏，维护工作量大，因而逐步被其他光源或照明方式代替。

⑤光纤照明：利用侧发光光纤作为装饰照明是近几年中发展起来的，因光纤表面亮度低，在周边环境亮度较高时，效果不甚理想。并且价格较高，不宜广泛采用（可参考9.5.6节光纤灯介绍）。

⑥LED（发光二极管）是近几年在照明领域中开始应用的新的装饰性光源，它是一种非常节能的新的固体光源，极具发展前景，表面亮度高，耗电量低，寿命长，很适合做装饰光源使用，特别是建筑物轮廓灯勾边。但是方向性较强，造价偏高。

⑦冷阴极型荧光灯又称微型霓虹灯，其实就是细管径的霓虹灯，一般的霓虹灯最小管径为6mm，管径小于6mm的生产工艺完全不同，是新一代的线光源，它具有小型、高亮度、长寿命、耗电小等优点。这种光源需要预热才能稳定发光，其特点是将点光源转换成线光源，用于超薄灯箱、装饰照明等。并可做成代替白炽灯的点光源的灯泡，用于轮廓灯。

⑧冷极管其实是大管径霓虹管，由于它及包括它的配套设备（变压器及控制器）最初是从国外引进，其两端的电极在工作时产生的热量极少，所以称为冷极管。冷极管亮度高，色彩艳丽，被广泛用于建筑物轮廓照明。进口的价格较高，国产的价格较为适中，但光亮度及使用寿命都没有进口的好。

（2）圣诞灯串

①圣诞灯串是装饰灯系列最常用的产品，可以烘托节日气氛，用于街道各种活动场所、舞台装饰，同时近年来采用长寿命的灯泡，效果更明亮。圣诞灯串系列最低 可以连接4串。

②组合圣诞灯是新一代的装饰灯产品。其外层保护坚硬，内里灯泡不易破损。同时，组合圣诞灯还拥有传统的老式圣诞灯组合所拥有的其他突出特点，例如：方便安装，用尾塞一次可以最少连接4套组合圣诞灯；独特的凹凸不平的结构使灯泡具有抗震效果；正常使用状态下不易破损；拥有不同形状的吹塑外壳；寿命比以前的长达10倍（图9-6）。

（3）星星灯（图9-7）

图9-6 圣诞灯串

图9-7 星星灯

图 9-8　网灯

星星灯的产生来源于人们对遥远星空的想象，以其星星眨眼般的神秘，宁静而使人得到回归自然的感受。再加配功能多变的控制器，使其魅力得到更非凡的体现。常用于四周的绿化带、景观、雕塑，甚至和大型灯具搭配组合成各种灯光景观，渲染夜晚的气氛。

（4）网灯（图9-8）

（5）跑马灯（图9-9）

作为传统的老式装饰灯之一，跑马灯到了今天依然拥有它的迷人魅力。它那明亮夺目的大灯泡，使得人们在远处就能看见由它构成的夜景。每个灯泡发出的亮点，给观赏者带来了温暖和热情的感觉。作为最早使用灯泡的装饰灯，跑马灯至今还是世界各地的许多活动场所和建筑物的装饰首选，用于商业街还可以装饰露天活动及娱乐场所、舞台背景、景观雕塑及广场四周街道。

图 9-9　跑马灯

（6）迷你水晶树灯

水晶树灯是适合装饰广场绿化带的一种灯饰，用于装饰树木、景观、道路、建筑外墙，其精巧已被世界各地的客户使用并得到了广泛称赞。

水晶树灯无论在雨雪的天气中或是在寒冷的气候下，都很有耐受性，属于低压产品，耗电量小、节能，非常容易安装。

（7）带灯（图9-10）

带灯是以优质小灯泡有规则地间隔排列、并联镶嵌在扁平透明线上的一种灯饰。它有很强的灯光装饰变化效果，适用于建筑物墙面、建筑轮廓、景观结构、舞台背景等，能产生各种效果。

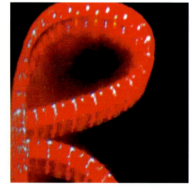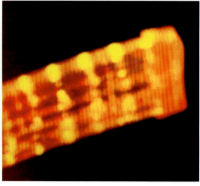

图 9-10　带灯

（8）爆光灯

爆光灯广泛应用于舞台等娱乐性场所，它采用的灯泡为氙光源，闪烁的光可以在3km外看到。颜色有橙色、黄色、绿色、蓝色及透明等可供选择。爆光灯有4个灯泡数或8个灯泡数两类，配合控制器可以依顺序跳动。

爆光灯有单向及双向跳动两种方式。安全使用环境为-25℃～55℃。

（9）镁氖灯（图9-11）

采用彩色灯泡，透明性好，结合控制器使用，能够产生交替的颜色变幻。新型超级大镁氖灯的设计效果新颖独特，具有变幻效果，给人一种非常亮丽的感觉。

（10）图案灯

采用镁氖灯和带灯，可以组合成各种图案，特别是可以组成适合当地文化特色的艺术品、人们喜欢的花鸟虫鱼或吉祥物，别有一番情趣。

图9-12为高8m宽20m，采用8种颜色的20mm镁氖管，闪光灯

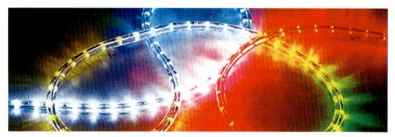

图 9-11　镁氖灯

64盏，组成4步动画，好像梅花战胜了冬天，迎来了春风而傲然怒放，耗电量5万瓦每小时。

图9-13为高8m宽20m，采用9种颜色的16mm镁氖管，闪光灯128盏，组成4步动画，耗电量5.6万千瓦每小时。该款图案灯寓指人们生活祥和，幸福美满，安居乐业。

9.5.4　泛光灯（图9-14）

这是一系列的大面积照明灯具。灯具外形新颖，具有极好的观赏性，适应能力强，同时具备良好的密封性能，可防止水分凝结于内，经久耐用。常用于广场的雕塑、周边建筑及广场绿化植物带等地方的照明。

特点：

（1）泛光或投光灯，可配金属卤化物灯或高压钠灯。

（2）压铸铝灯体，坚固耐用，具有极强的耐腐蚀性。

（3）配有高效反射罩。

（4）钢化玻璃有抗热及防震功能。

（5）防护等级 IP67。

9.5.5　激光灯

（1）激光显示

所谓激光显示即以激光发生器为光源，在计算机的控制下，通过棱镜、转镜、衍射光栅、光路扫描器等各种光学设备将激光光束进行分光、转向、发散、扫描等处理，在幕体上显示出预定的效果、图案、方案或动画。常用于娱乐表演场合，演出方法主要有两种：一种是利用激光光线的空中交错制造出空间表演，另一种是高速移动激光照射点的位置，在平面上描绘出动态图像的图像表演。

激光显示的应用：

根据国际激光显示协会关于激光显示工业的定义，激光显示的应用主要有两种方式：激光表演和激光效果。激光表演以激光为主，并辅以灯光、烟火、喷泉、音乐等，主要表现激光的特殊效果。激光效果与前者相反，激光的演示只是为了辅助主题而提供激光的特效，如用激光显示系统作舞台背景灯光。这两种方式在功能上各有侧重，但在系统原理上是一样的。

激光显示光色纯正，能量集中，系统方便地被计算机控制，能表现出应时应景的主体内容和艳丽奇特的效果魅力，其应用的场合非常广泛。

（2）城市激光表演系统

颜色有红、绿、蓝或全彩等

图案有平面、三维两种

图9-12　图案灯

图9-13　孔雀开屏

图9-14　泛光灯

图 9-15 水幕激光

图 9-16 建筑物激光射灯

图 9-17 彩色和扇架隧道效果

图案生成媒介包括天空、空中烟雾、大楼墙面、大地、水面、水幕等。

常用激光器的种类有半导体激光器、LD泵浦固体激光器、光纤激光器、准分子激光器、CO_2激光器、离子激光器、He-Ne激光器、铜蒸气激光器等。其中：LD泵浦固体激光器、离子激光器、He-Ne激光器可用于激光表演系统，特别是高功率可见光LD泵浦固体激光器更适合于娱乐领域。

激光表演系统由激光头、激光电源、控制器及水过滤器等组成。可固定安装在城市广场周边的形象建筑或广场上，为现代化广场增光添彩。同时，还可体现出该城市在激光高技术领域的先进水平和高科技方面的实力。

（3）水幕激光及电影

灯光与音乐喷泉的结合

激光水幕工程涉及喷泉、土建、微机控制、电气安装、机械加工、流体力学、液压控制、照明科技、音乐编导、环艺设计等众多领域，是一项整合多学科多领域系统的工程。激光水幕的设计充分将灯光艺术、音乐艺术、喷泉艺术结合起来，通过高新技术手段实现造型稳定性和形式多样性的统一，用先进的控制技术实现优美的设计构思。

水幕激光（图9-15）

水幕激光是利用水幕呈像的又一种方式。其表演系统是将激光器发出的激光束投射在水幕喷头喷出的水膜上，激光束由激光控制系统编程控制，可发出多样的图案及色彩，照射在晶莹透明的水膜上，形成斑斓夺目的奇幻效果。

水幕激光的特点是：

水幕呈像范围宽度10m～50m，高度5m～55m，使用范围广泛，水幕呈像清晰，亮度高。操作系统可进行文字及图像的任意编辑，通过数字化输入仪，可输入任意图形，并通过编辑、配音，便可全自动播放。

（4）建筑物激光射灯及效果

单轴产生的薄雾光，绿色号角激光器的另一种效果（图9-16）。

彩色和扇架隧道效果（图9-17）。

9.5.6 光纤灯（图9-18，图9-19）

在照明技术中，光纤照明是一枝独秀的照明新技术。由于它具有光的柔性传输，安全可靠。所以广泛地应用于工业、科研、医学及景观设计中，并在装饰照明中已形成自己独有的特色。

（1）光纤照明的原理

光纤照明系统是由光源、反光镜、滤色片及光纤组成。

当光源通过反光镜后，形成一束近似平行光。由于滤色片的作用，又将该光束变成彩色光。当光束进入光纤后，彩色光就随着光纤的路径送到预定的地方。

由于光在途中的损耗，所以光源一般都很强。常用光源为150～250W

左右。而且为了获得近似于平行光束，发光点应尽量小，近似于点光源。

反光镜是获得近似平行光束的重要因素，所以一般采用非球面反光镜。

滤色片是改变光束颜色的零件。根据需要，用调换不同颜色的滤光片就获得了相应的彩色光源。

光纤是光纤照明系统中的主体，光纤的作用是将光传送或发射到预定地方。光纤分为端发光和体发光两种。前者就是光束传到端点后，通过尾灯进行照明，而后者本身就是发光体，形成一根柔性光柱。

对光纤材料而论，必须是在可见光范围内，对光能量应损耗最小，以确保照明质量。但实际上不可能没有损耗，所以光纤传送距离以30m左右为最佳。

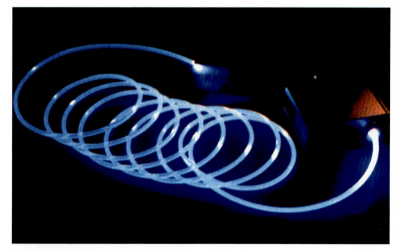

图9-18　光纤灯

光纤有单股、多股和网状三种。对单股光纤来说，它的直径为6～20mm。同时又可分为体发光和端发光两种。而对多股光纤来说，均为端发光。多股光纤的直径一般为0.5～3mm，而股数常见为几根至上百根。

网状光纤均为细直径的体发光光纤组成，可以组成柔性光带。

从理论上讲，光线是直线传播的。但在实际应用中，人们都希望改变光线的传播方向。经过科学家数百年不懈的努力，利用透镜和反光镜等光学元件来无限次地改变传播方向。而光纤照明的出现，正是建立在有限次的改变光线传播方向，实现了光的柔性传播。正如圆弧经无数次的分割后成直线一样，光纤照明正是以无限次反射后，光线就随光纤的路径传送，实现了柔性传播。但是光纤照明的柔性传播，并没有改变光线直线传播的经典理论。

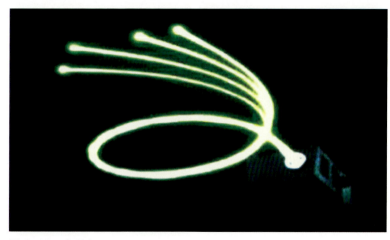

图9-19　光纤灯

(2) 光纤照明的特点

光纤照明具有以下显著的特点：

① 光线柔性传播

从理论上讲，光线是直线传播的。然而因实际应用的多元性，总希望能方便地改变光的传播方向。光纤照明正是满足了这一要求。这是光纤照明的特点之一。

② 光与电分离

在传统照明中，都是由光源将电能转换成光能直接得到的，光与电是分不开的。但电有一定的危险性，所以很多场合都希望光与电分开，排除各种隐患，确保照明的安全性。所以光与电的分离是光纤照明的特点之二。

其特点还表现在以下几个方面：

单个光源可具备多个发光特性相同的发光点；

光源易更换，也易于维修；

发光器可以放置在非专业人员难以接触的位置，因此具有防破坏性；

无紫外线、红外线光，通过"干净"的光束达到精致的照明效果，可减少对人或对某些物品的损坏；

图 9-20　光纤照明

可重复使用，节省投资；

柔软易折不易碎，易被加工成各种不同的图案；系统发热低于一般照明系统，可降低空调系统的电能消耗。

(3) 光纤照明的应用(图 9-20)

① 地板装饰照明

在某些街道的地板中，用尾端发光光纤绘制各种图案，或模拟星空的点点繁星，忽明忽暗，增加夜晚的情趣，给人以温馨和浪漫感觉。

② 水景照明

水景离开了照明就失去了迷人的景色。而不安全照明又给游人带来危险的隐患。由于光纤照明实现了光电分离，是水景中绝对安全的绿色照明。光纤照明除了针对水体照明时，使水色更为艳丽动人外，也可用光纤来构成水池的轮廓线，使垂直的彩色水姿与横向的水池轮廓，形成协调的线条美。

③ 绿化带

在绿化带中，用端发光光纤来作庭院灯、地埋灯、草坪灯，在照明的同时也有色彩变化。或在醒目的景观上，装上星星点点的端发光纤，更增加了景观的趣味性。

9.5.7　景观灯

城市艺术景观灯的设计，朝着艺术化、动感化和个性化的方向发展。艺术景观灯，将为人们提供设计师独特的创意。

(1) 球灯（图 9-21）

采用热镀锌钢板加工制作而成，经喷塑或烤漆（或采用高分子复合材料、不锈钢材料）的球灯，直径 1m 至 2m 不等，内置高强度气体放电灯或节能灯，亦可用三基色冷极管通过微电脑控制而变化出七彩颜色，或用 LED 光源（单色或彩色可选）。光通过小孔透射出来，亮度可强可弱，颜色可单一可变化。

(2) 东方明珠灯（图 9-22）

(3) 伞灯（图 9-23）

该款灯的造型是根据人们日常生活中所不可缺少的伞的造型而来的，颇具时代感。晚上开启后如同烟火升空，爆发喷射；或如火树银花，七彩炫丽。白天则像鲜花装饰的城市太阳伞。它的主要发光材料为冷阴极无暗区霓虹灯管（冷极管），光色艳丽，鲜花则是进口的 PC 材料制作的可透光的仿真鲜花，除造型别致外，尚可自由升降。

(4) 风车灯（图 9-24）

风车灯最高达 10m 以上，最大直径达 4m，分别有仿中国草原风车（或风筝）、澳大利亚和西班牙风车、法国风力风车等，风车灯除具

图 9-21　球灯

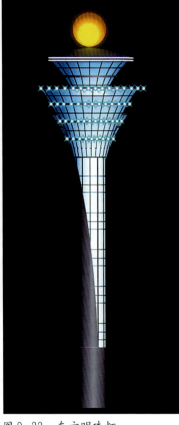

图 9-22　东方明珠灯

发光点小型化，重量轻，易更换、安装，可以制成很小尺寸，放置在透光器皿或其他小物体内发光形成特殊的装饰照明效果；

无电磁干扰，可被应用在核磁共振室、雷达控制室等有电磁屏蔽要求的特殊场所之内；

无电火花，无电击危险，广泛应用于喷泉水池、广场地板等潮湿多水的场所；

可自动变换光色，具有新颖性和创新性；

有神形兼备的视觉效果外，还把现代声、电巧妙运用其中，让人耳目一新。

（5）荷花灯（图9-25）

荷花，是睡莲科植物，中国人喜爱荷花，把它作为美的化身，已有三千多年的历史。唐朝诗人李白曾云："清水出芙蓉，天然去雕饰"。酷热的夏天，荷花娇巧含羞地挺出水面，婀娜身姿，清丽明媚，仿佛带来了丝丝清凉，阵阵幽香。其效果是不言而喻的。荷花花朵是用进口PMMA或PC材料制作而成，内置节能灯或气体放电灯光源；或用数码变色光管、七彩LED变色光源等通过微电脑控制变化出多种颜色，既可为其他的雕塑景观作点缀，亦可自成一特色景观。

（6）荷叶灯（图9-26）

该款灯具仿植物荷叶形的造型，采用特殊材料PMMA或PC制作而成。在设计上采用几何三角的设计方案，外观有菱有角，精美而大方。它那不可思议的曲线，给人带来强烈的视觉享受。

（7）都市小品系列（图9-27）

9.5.8　电子灯（图9-28）

随着社会的发展，传统的节日礼花因其噪声、空气污染及其可导致火灾和爆炸伤人后果等原因，已被很多城市禁放。电子礼花的问世，既美化了城市又满足了人们对节日的气氛需要。

电子礼花灯采用PC材料灯管和金属结构架相结合，并配有礼花灯专用控制器使其具有模拟礼花发射、爆炸、余辉闪烁等功能。

9.5.9　埋地灯

埋地照明灯具的特点：

（1）灯具以不锈钢或铸铝制造，坚固耐用，具有极强的耐腐蚀性；

（2）防水护垫以100%硅酮制成；

（3）透镜以防撞钢化玻璃制造，并有多种颜色可供选择；

（4）符合IP68防护及防止水分凝结I/II等级。

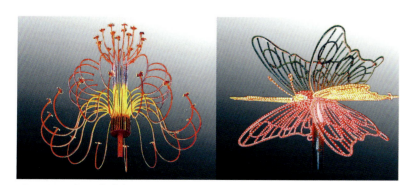

图9-28　电子礼花灯

图9-23　伞灯

图9-24　风车灯　　图9-25　荷花灯

图9-26　荷叶灯

图9-27　都市小品系列

图9-29中的此系列埋地照明灯具属加水密封型灯具，具有良好的引导性及照明特性，灯具以密封式设计，除了有防水防尘功能外，亦能避免水分凝结于内部。

图9-30中系列埋地灯特点如下：

（1）精密铸铝灯或不锈钢灯体采用不锈钢抛光面板或铝合金面板、优质防水接头、硅胶橡胶密封圈、弧形多角度折射强化玻璃等材质防水、防尘、防漏电、耐腐蚀。

（2）LED光源，有单色、双色、七彩颜色渐变、跳变等多种色彩组合选择。

（3）埋地灯输入电压为AC220V/110V，防护等级为IP68，绝缘等级为1级，使用寿命为10000h，适合温度为-40~70℃。

9.5.10 仿石头灯（图9-31）

此种灯具，是采用树脂POLY材料制作的仿石头灯具，造型多种多样，既美观大方，又贴近自然；既随心所欲，又应景而生；白天点缀环境，夜晚绽放光芒。光源的应用更是多种多样，其中以节能灯、卤钨灯、LED灯、太阳能灯最为见长。

9.5.11 水底灯（图9-32）

这几款水底灯，以压力水密封型设计，最大浸深可达水下10米；除了有防水功能外，亦可避免水分凝结于内部，确保产品可靠、耐用。此灯具采用最新光源，具有极高的亮度，适用于高照明要求的喷泉、溶洞、地下暗河、瀑布等的水下照明。

9.5.12 太阳能灯

太阳能是完全利用太阳光及风力转换成电能的零污染能源，不必添加任何燃料，保护地球生态平衡。太阳能灯具主要作为夜间的装饰照明，适用于任何独立地区，且能依据地形及建筑物设计更节省的照明系统。

性能特点：

（1）靠太阳光照发电。

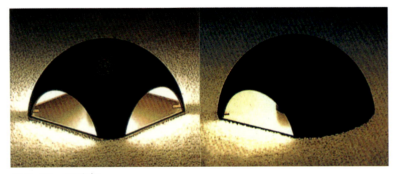

图9-29 埋地灯

图9-30 埋地灯

图9-31 仿石头灯

图9-32 水底灯

(2) 不接电源、不用线，省工、省料又安全。

(3) 铝合金压铸灯体、钢化玻璃灯帽，美观、典雅、抗老化、温度适应范围宽。

(4) 晚上自动开灯、天亮自动关灯。

(5) 干扰光自动识别；晚间灯亮时遇到汽车灯光、闪电光等，不会引起关灯或灯光闪烁。

(6) 自动定时控制。

(7) 工作时间长。

(8) 控制系统和发光灯泡一体化设计，工作稳定、故障率低、易于维护。

太阳能与电光源

根据太阳能供电的特点及电光源技术的发展状况，在采用单灯照明的场所，可按灯的功率大小来选择不同类型的光源。

(1) 50W 以上的室外照明可采用小功率金卤灯，其规格有 50W、75W、100W、150W，光效大于 80 lm/W。

(2) 20~50W 范围的宜采用 T5 型直管荧光灯，其规格有 21W、28W、35W、49W，光效大于 90 lm/W。

(3) 功率在 10~20W 之间的宜采用 T4 型直管荧光灯，其规格有 12W、16W、20W，光效大于 60 lm/W。

(4) 10W 以下低瓦数的光源宜采用 T2 或 T1 型荧光灯，光效约 50 lm/W。

在太阳能电源推广应用上，与其相适应的电光源中，20W 以下的小功率金卤灯尚在研制，而商品化的半导体发光器件（LED）的光效还很低，成本也相对过高。为此采用低压直流供电的小功率稀土节能灯代替 5~60W 的白炽灯较为适宜。

9.5.13 庭院灯（图 9-33，图 9-34，图 9-35）

在科技日新月异的今天，人们对于庭院灯具的认识，早已超出照明这种单一功能的观点，延伸到了利用高科技来表现生活和文化艺术这一层面。以上庭院灯在满足照明功能的前提下，充分运用高科技手段，融入周围环境之中，成为一道靓丽的风景。

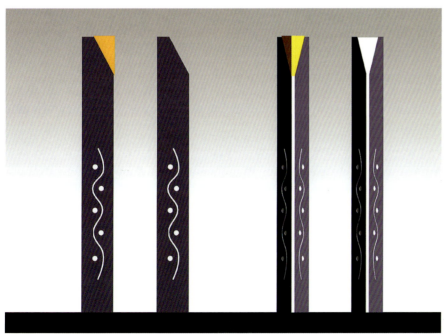

图 9-33 庭院灯

图 9-34 庭院灯

图 9-35 庭院灯

9.5.14 特种灯

(1) 城市之光（图9-36）

城市之光为高性能、智能化，具有特殊效果的颜色转换投射灯。此灯具特点是全天候设计。在户外可用于建筑物外墙、景观、商业街活动及各种表演、张拉膜篷等，以达到渲染气氛的目的。其效果可见图9-37。

(2) 星月之光

星月之光是全天候颜色转换投射灯，利用全新的光学系统（专利产品）使颜色循序渐进地变化。其设计紧密及体积细小，可装置于建筑物外墙、绿化带、景观及各种活动，特别适用于景观光术灯内，用途非常广泛（图9-38）。

(3) 霹雳远程探照灯（图9-39）

这是一款远距离照明灯具。灯具功率大、即开即亮，具有多种不同的组合，36道旋转光束，清晰亮丽，广泛应用于娱乐活动、音乐喷泉、水幕景观、形象建筑、典型景观、重大活动现场等。

(4) 空中玫瑰灯（图9-40）

可投射出28～50条强力光柱，投射距离可达约5～10km。可控制光柱旋转速度，水平150度摇摆，并通过随灯配备之控制器控制其摆动色角度大小或处于静止状态。有温度保护装置，具防水功能。

9.5.15 投影灯

由于泛光照明灯具容易造成光污染，在高精度要求场合（即重大节假日场合），则需要成像投影灯具。下列这款灯具引进美国最新光学技术，在100m范围内，能够轻而易举地设计应用。远距离时，采用望远镜头，近距离时采用广角镜头，以满足因放灯位置受到限制的场合，以放灯位置向投光目标照明制版后，安装定位，可加装内藏式自动换色器。按被照明物体的轮廓设计，亦可将各种平面图案投射到墙面上，还可定制各种动态效果，如：水、火、云、雨、雪等。

9.5.16 植物灯

近年来，随着城市景观的蓬勃发展，城市夜景照明抓住机遇，仿生植物灯一夜之间全都粉墨登场。椰子树首当其冲不分南北遍地生根，棕榈树和仙人掌（仙人球和仙人棒等），也北上南下不甘寂寞。接着，又出现了郁郁葱葱的榕树，青翠的竹子，火红的枫树、开花的桃树、梅树，国色天香的牡丹花。新的种灯如雨后春笋，在夜景照明中各展风姿。它们的显著特点是：白天看起来是绿色的植物，晚上却是一株株、一丛丛、甚至是一片片多彩的发着七彩光的树、花、装点夜晚的盎然生机，在照明的天地里展现着自己独有的魅力。

9.5.17 LED灯

50年前人们已经了解半导体材料可产生光线的基本知识，第一个商用二极管产生于1960年。LED是英文light emitting diode（发光二极管）的缩写，它的基本结构是一块电致发光的半导体材料，置于一

图 9-37

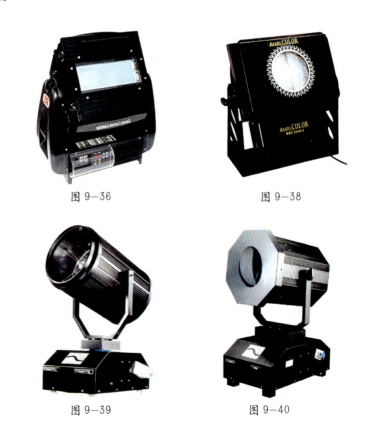

图 9-36　　　　图 9-38

图 9-39　　　　图 9-40

个有引线的架子上，然后四周用环氧树脂密封，起到保护内部芯线的作用，所以LED的抗震性能好。到今天，其发光效率达到15lm/W，光强达到烛光级，辐射颜色形成包括白色光的多元化色彩、寿命达数万小时。LED灯不但成为光学光电子新兴产业中极具影响的新产品，而且在显示技术及照明领域中占有特殊的举足轻重的地位。特别是近年来，LED光源被广泛用于照明器具，并从室内迅速向室外发展，而且亦从一般的装饰灯迅速向草坪灯、埋地灯、水底灯、嵌墙灯、射灯、护栏灯等多种灯具繁衍。

（1）LED光源的原理

发光二极管的核心部分是由P型半导体和N型半导体组成的晶片，在P型半导体和N型半导体之间有一个过渡层，称为PN结。在某些半导体材料的PN结中，注入的少数载流子与多数载流子复合时会把多余的能量以光的形式释放出来，从而把电能直接转换为光能。PN结加反向电压，少数载流子难以注入，故不发光。这种利用注入式电致发光原理制作的二极管叫发光二极管，通称LED。当它处于正

图9-41 椰树灯　　图9-42 仿竹子灯

向工作状态时（即两端加上正向电压），电流从LED阳极流向阴极时，半导体晶体就发出从紫外到红外不同颜色的光线，光的强度与电流有关。在半导体PN结处流过正向电流时，能以高的转换效率辐射出200～1550nm范围包括紫外、红外和可见光谱，从而形成一个实用的发光元件。目前可见光（380～780nm）的LED产量以90%的优势占主导地位。LED以体积小（最小仅几毫米）、寿命长（几万小时）、功耗低（nW）、可靠性高、响应速度快（μs级）、易与集成电路配用、可在低电位（几伏电压）下工作及容易实现固体化，以及辐射光谱丰富、光效和亮度高等优点，在照明和显示领域引起人们的极大兴趣和重视。

（2）LED光源的特点

电压：LED使用低压电源，供电电压在6～24V之间，根据产品不同而异，所以它是一个比使用高压电源更安全的电源，特别适用于公共场所。

LED光源与传统照明光源比较表　　表9-1

工程名称	耗电量（W）	工作电压（V）	协调控制	发热量	可靠性	使用寿命（h）
金属卤素灯	100	220	不易	极高	低	3000
霓虹灯	500	较高	高	高	宜室内	3000
镁钠灯	16W/m	220	较好	较高	较好	6000
日光灯	4～100	220	不易	较高	低	5000～8000
冷阴极	15W/m	需逆变	较好	较低	较好	10000
钨丝灯	15～200	220	不宜	高	低	3000
节能灯	3～150	220	不宜调光	低	低	5000
LED灯	极低	直流12～36V（可用220V）	多种形式	极低	极高	10万

图 9-43　LED 地埋灯

图 9-44　LED 草坪灯

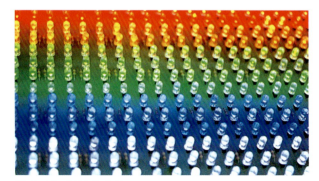

图 9-45　LED 显示屏

图 9-46　LED 球泡

图 9-47　灯光雕塑——年年有余

效能：消耗能量较同光效的白炽灯减少 80%。

适用性：体积小，每个单元 LED 小片是 3~5mm 的正方形，所以可以制备成各种形状的器件，并且适合于易变的环境。

稳定性：10 万小时，光衰为初始的 50%。

响应时间：其白炽灯的响应时间为毫秒级，LED 灯的响应时间为纳秒级。

对环境污染：无有害金属汞。

颜色：改变电流可以变色，发光二极管方便的通过化学修饰方法，调整材料的能带结构和带隙，实现红黄绿蓝橙多色发光。小电流时为发红色的 LED，随着电流的增加，可以依次变为橙色、黄色、最后为绿色。

9.5.18　灯光雕塑

灯光雕塑的意义，已经不再是普通的照明工具。别致新颖的造型无不体现设计的精髓，理性中透出自然和艺术，感性中或表现其阳刚、或表现其阴柔，作为景观灯光建设的新生事物，灯光雕塑是将各种光源与金属、塑料等多种材料巧妙结合，运用光、光的色彩、光的变化旋律，将灯光与现代雕塑的精髓完美地融合于一体，打破了采用单纯材料，在静止雕塑上用射灯照明的传统意义，增加了更多科技含量、艺术构思和制作工艺，运用电脑编程控制，让雕塑亮起来、动起来，使夜晚更加妩媚亮丽。灯光雕塑的运用，充分展示了城市的文化、代表了城市的发展。灯光雕塑作为一门环境照明艺术，在给人以艺术欣赏的同时，更能提升一个城市的文化品位，创造浓郁的文化

灯具的分类

图 9-48　灯光雕塑——亭

图 9-49　灯光雕塑——科技之光

73

图 9-50　跨街灯饰

氛围。

灯光雕塑——年年有余（图9-47）

鱼和人类的关系十分密切，在长期的历史发展中，人们形成了一些关于鱼的观念，这种观念以各种形式体现在民俗和艺术方面。鱼和"余"、"玉"同音，象征着人民的生活富贵、富裕、美满。在我国广为流传的年画和吉祥图中，经常有鱼出现。灯光雕塑"鱼"，以不锈钢架作鱼骨，张拉膜作鱼头、鱼身，内置进口三基色冷极管组成光管，在微电脑的控制下变幻着七彩颜色，既可逐色变化，又可像流水一样追逐扫描，好像一条大鱼带着一群小鱼游弋在人群的大海里。

灯光雕塑——亭（图9-48）

灯光雕塑——科技之光（图9-49）

9.5.19　跨街灯饰（图9-50，图9-51）

图 9-51　跨街灯饰

第五篇　商业街照明设备安装及环境工程管理

第10章　线路敷设和照明灯具、配电系统的安装

10.1　绝缘导线、电缆的选择

（1）塑料绝缘导线，此种导线的特点是绝缘性能好，价格低，明敷和穿管均方便，可取代橡皮绝缘线。缺点是对气候适应性差，低温时变硬发脆，高温或日照下增塑剂容易挥发加快绝缘体的老化，在广场敷设这种导线时应采用特殊塑料线。

（2）丁橡皮绝缘导线，这种导线的特点是耐油性能好，不易霉、不易燃，适应气候性能好，老化过程缓慢，比较适宜于广场敷设，但不宜用于穿管敷设。

（3）聚氯乙烯绝缘及护套电缆，这种电缆的主要优点是：敷设没有高差限制、质量轻、弯曲性能好，电缆头制作简便、耐油、耐酸碱腐蚀、不延燃。它可直接敷设在桥架，槽盒内以及含有酸、碱成分的化学腐蚀性土壤中，可代替低绝缘电缆，缺点是绝缘电阻较油浸纸绝缘电缆低，介质损耗较高。因此6kV重要回路不宜采用。

普通聚氯乙烯燃烧时散发有毒气体，因此有低烟低毒的场合不宜采用，而应采用低卤或无卤难燃电缆。

普通聚氯乙烯电缆适用温度范围60℃～－15℃，在低于－15℃以下的环境可采用耐寒型聚氯乙烯电缆。

聚氯乙烯绝缘电缆不适用在有苯、苯胺类、酮类、甲醇、乙醛等化学剂的土质中。在含有三氯乙烯、三氯甲烷、四氯化碳、二硫化物、冰醋酸的环境也不宜采用。

近年来聚氯乙烯电缆线芯长期工作温度从65℃提高到70℃，载流量也相应提高。但选用时应注意制造电缆的绝缘材料是否满足要求。

对于有高阻燃要求的场所还可以采用阻燃型聚氯乙烯电线、电缆。其规格与普通型相同，仅在型号前冠以"ZR"表示。此外，还有耐火电缆，在电缆型号前冠以"NF"表示。

（4）交联聚乙烯绝缘、聚乙烯护套电缆，这种电缆性能优良，结构简单，外径小，质量轻，载流量大，敷设方便。

10.2　绝缘导线、电缆的敷设

10.2.1　电线、电缆的敷设

电线、电缆的敷设方法应参见国家标准《低压配电设计规范》（GB5005495）第五章和《电力工程电缆设计规范》（GB5021794）。这里仅作简要文字说明。

电线、电缆穿保护管敷设时主要有电线管（钢制TC）、焊接钢管（SC）、水煤气钢管（RC）、聚氯乙烯硬质电线管（PC）、聚氯乙烯半硬质电线管（FPC）、聚氯乙烯塑料波纹电线管（KPC）以及钢制线槽或聚氯乙烯线槽。

（1）电线穿保护管管径的选择

对于电线穿管，管内容线面积为1～6mm²时，按不大于电线管内孔总面积的33%计算；10～50mm²时，按不大于电线管内孔总面积的27.5%计算；70～150mm²时按不大于电线管内孔总面积的22%计算。

（2）电缆穿管保护长度

电缆穿管保护长度在30m及以下时，直线段管内径应不小于电缆外径的1.5倍；有一个弯曲时，管内径应不小于电缆外径的2倍；两个弯

曲时，内径应不小于电缆外径的2.5倍。当长度在30m以上时，直线段管内径应不小于电缆外径的2.5倍。3根及以上的绝缘导线或电缆穿于同一根管内时，绝缘导线的总面积（包括外护层）不应超过管内面积的40%。两根绝缘导线或电缆穿于同一根管时，管内径不应小于两根导线或电缆外径之和的1.35倍（立管可取1.25倍）。

(3) 绝缘电线在线槽内的容线面积

槽内容线面积按以下情况确定：

① 作为配电线路线槽在墙上或支架上安装时，按不大于线槽有效截面积20%计算。

② 作为配电线路线槽在地面内安装时，按不大于线槽有效截面积40%计算。

③ 作为控制、信号、弱电线路线槽在墙上、支架或地面内安装时，按不大于线槽有效截面积50%计算。

强弱电线路不应同敷于一根线槽内。一根线槽内的截流导体根数一般不应超过30根，控制或信号线除外。

塑料线槽应为难燃型，氧指数应不小于30%。

电线、电缆穿管时应按穿管最小管径的要求施工，如另有要求并标注管径或线槽规格时，则按设计图要求施工。

10.2.2 电缆线路的敷设

电缆可在排管、电缆沟、电缆隧道内敷设，架空明设的电缆与热力管道的净距不应小于1m，否则应采取隔垫措施。电缆与非热力管道的净距不应小于0.5m，否则应在与管道接近的电缆段上，以及由该段两端向外延伸不小于0.5m的电缆线上，采取防止机械损伤的措施。

相同电压的电缆并列明设时，电缆的净距不应小于35mm，且不应小于电缆外径，但在线槽内敷设时除外。

低压电缆由低压配电室引出后，一般沿电缆隧道、电缆沟或电缆托架、托盘进入电缆竖井，然后沿支架垂直上升。

为了"T"接支线方便，树干式电缆干线应尽量采用单芯电缆。单芯电缆"T"接是用专门的"T"接头，由两个近似半圆的铸铜"U"型卡构成，两个"U"型卡上带有固定引出导线接线耳的螺孔及螺钉。

电缆在电缆井道内垂直敷设，一般采用"U"型卡子固定在井道内的角钢支架上。支架每隔1m左右设一根，角钢支架的长度应根据电缆根数的多少而定。

为了减少单芯电缆在角钢上的感应涡流，可在角钢支架上垫一块木条，以使芯线离开钢支架，此外，也可以在角钢支架上固定两块绝缘夹板，把单芯电缆用绝缘夹板固定。

采用四芯电缆的树杆式接线，其支线的"T"接是电缆敷设中经常遇到的一个比较难于处理的问题。如果在每层断开电缆采用拱头的办法，在分层自动开关的上口拱头，则因开关接线拱头小而无法施工，对这种情况的处理办法一般是加装接线箱，从接线箱分出支路到各层配电箱，但需增加设备投资。对于简单的多层建筑，可采用专用"T"接线箱，其接线箱，费用较低，但不够美观，容易受到机械损伤。所以，在水平敷设时线路距地面低于2m，或者垂直敷设时在地面上1.8m以内的线段内，均应用穿钢管或塑料管加以保护。

第 11 章 照明灯具及设备安装

11.1 照明灯具的安装

照明灯具的安装，应该着重研究它的防水性能和措施。与室内情况相比，其条件更加严格。除了电气结构的连接之外，灯具本身的防锈处理、绝缘措施、检查维修等也是重点问题。特别是对于公共设施，还必须进行可靠的管理。

11.2 配电系统的安装

照明通常采用带低压断路器的照明配电箱进行配电或是使用带熔断器的转换开关的照明配电箱。

XM4 型照明配电箱适应于交流 380V 及以下的三相四线制系统中，用作非频繁操作的照明配电，具有过载和短路保护功能。

XxRM23 系列配电箱，对 380/220V、50Hz 电压等级的照明及小型电力电路进行控制和保护，具有过载和短路保护的功能。XxRM23 系列配电箱分为明挂式和嵌入式两种，箱内主要装有自动开关、交流接触器、插式熔断器、母线、接线端子等。箱体由薄钢板制成，箱体上、下壁分布有孔，便于进出引线。

配电箱的安装高度，无分路开关的照明配电箱，底边距地面应不小于 1.8m；带分路开关的配电箱，底边距地面一般为 1.2 m。导线引出板面均应套绝缘管。配电箱的垂直度偏差应不大于 1.5/1000；暗装配电箱的板面四周边缘，应贴紧墙面。配电箱上各回路应有标牌，用以标明回路的名称和用途。

11.3 商业街电气设备的安全设计

11.3.1 安全设计的基本要求

商业街电气设备的设计必须保证设备及其组成部分都是安全的。并且应保证在按规定安装和使用时不得发生任何危险，这是安全设计的最基本要求，在设备的安全设计中会出现安全技术和经济利益之间的矛盾，此时应优先考虑安全技术上的要求，并按以下顺序采取安全技术措施：

（1）直接安全技术措施，即在结构等方面采取安全措施，将设备设计得无任何危险和隐患。

（2）间接安全技术措施，即如果不可能或不完全可能实现直接安全技术措施时，所采取的特殊安全技术措施。这种措施只具有改进和保证安全使用设备的，而不具有其他功能。

（3）提示性安全技术措施，若上述两种措施都达不到，或不能完全充分达到安全目的，可以采取说明书、标记、符号等形式简练地说明在何种条件下采取什么措施，才能安全地使用设备。

电气设备的设计必须考虑它应用的环境条件，规定在许可的环境条件下使用。还应该考虑的其他一些因素或条件有：操作使用人员的素质，人机工程的要求，产品在环境中的影响等。

11.3.2 安全设计的一般规则

电气设备的安全设计并非仅涉及电气安全，而是应当全面处理各个方面的安全问题。应当保证按规定使用时不会发生任何危险；应当保证设备在正常使用条件下能承受可能出现的物理和化学的作用，对预计可能出现的有害影响要采取适当的安全措施。

为了达到上述目的，在安全设计时应当遵守下列规则：

（1）电能防护，电能可能以直接和间接两种形式造成危险，应采取相应的防护措施。触电伤亡是直接作用的结果。设备在运行过程中，电能可能转换成其他能量形式造成危害称为间接作用，例如各种电磁场、射线、有损于健康的气体、蒸汽、噪声、振动、热和其他各种机械作用，应当限制在无害的范围内；对包括由于过载和短路在设备内部或周围造成的温度变化，则应保证不对设备性能及周围环境造成有损于安全的影响。

标志和标牌是保证设备安全安装、操作和维护的安全措施之一。因此，设备上必须具有能保持长久、容易辨认的标志和标牌，这些标志或标牌应给出安全使用所发布的主要特征，例如额定参数、接线方法、接地标记、危险标记、可能有的特殊操作类型和运行条件的说明等。

（2）开关。控制装置的设计、电能的接通，分析和控制，必须保证可靠和安全。复杂的安全技术系统要装设监控装置，在可能发生危险的区域内，工作人员不能快速地操作开关以终止可能造成的危险的情况下，设备应装设紧急开关。为防止误启动，控制系统应装设连锁组件，保证按要求的顺序启动设备。或者装设可以拔出的开关钥匙。

（3）材料选择。广场设备选用的材料应能承受按规定条件使用时可能出现的物理和化学的作用，材料不能对人体造成危害。材料应有足够的耐老化、抗腐蚀的能力。设备必须具有良好的电气绝缘，以防止电能直接作用于人体造成的危险，并保证设备安全可靠的运行。

（4）设备的结构设计。广场设备的结构设计应根据设备的使用条件确定设备外壳的防异物、防触电、防水、防爆的等级，以保证安全。设备的外形结构应便于移动和搬运。需要经常更换的部件应配置在易于更换处。部件和元器件的分布应便于装配、安装、操作、测试、检查、维修。设备的表面不能过于粗糙，不得有尖角和锐棱。

（5）电气设备和安全设计，应当考虑人类工效学的安全要求，例如应该有足够的操作空间，使工作人员感到操作方便而不存在安全方面的威胁。并有足够的安全距离，使工作人员操作维修都很方便。在商业街安装的设备，噪声允许值应满足环保部门规定的要求。

第12章 照明控制与节能

12.1 照明控制的意义

在现代城市商业街环境中，对照明的质量要求越来越高，照明不再是单纯地把灯点亮，而是利用灯光创造赏心悦目的艺术氛围，使人们在最适宜的视觉条件下轻松愉快地得到美的享受。广场灯光控制的意义，就是根据人们对环境灯光的不同要求，对灯光照度（电光源和发光强度）进行控制，以保证具有良好的光照条件，同时又能最大限度地节约照明用电。对于广场装饰与艺术照明而言，灯光控制更是不可少。因为，人工光的扬抑、隐现、虚实、动静以及控制投光角度和范围，能建立光的构图、秩序和节奏，充分发挥灯光的艺术表现力，惟有通过有效的控制才能达到最佳的效果。电子式照明开关的出现，智能化照明控制系统的应用，实现了灯光的最佳使用功能和趋于完美的艺术效果。

12.1.1 灯光控制

在环境灯光工程设计中，对灯光的控制和调节，主要体现为两个方面：一是亮度（光强），二是色彩。为使灯光的变幻、色彩、亮度以及音乐的旋律节奏相协调，要采用较复杂的自动控制装置。常用的控制方式有以下几种：

（1）跷板开关控制方式。以跷板开关控制一套或几套灯具的控制方式，是采用得最多的一种控制方式，这种控制方式线路繁琐，损耗大，很难实现舒适照明。

（2）断路器控制方式。以断路器控制一组灯具的控制方式，控制简单，投资小，线路简单。但由于控制的灯具较多，造成大量灯具同时开关，在节能方面效果很差，又很难满足特定环境下的照明要求，因此在智能建筑中应尽可能避免使用。

（3）定时控制方式，以定时控制灯具的控制方式，是利用BAS的接口，通过控制中心来实现的。但该方式太机械，遇到天气变化或临时更改作息时间，就比较难以适应，一定要通过改变设定值才能实现，显得非常麻烦。

（4）智能控制器控制方式，这是近年来刚引进国内的一种控制方式。

12.1.2 常用灯光控制器

（1）KC程序效果器

该调光器可以让灯光按照预先编排的程序变化。如"流水管"（螺旋管形彩灯）灯光按顺序变化，使人们感受到沉浸在流水中。

（2）KDL10016调光台

该调光台吸收国内外多种歌舞厅控制设备的优点，将轻触点控、自锁、清除、集控、多种过程控制、声控等多种功能集于一身；控制面板上各种开关、旋钮、按键排列紧凑，方便操作；由于采用了大规模集成电路和大功率光合可控硅触发技术，整机线路简单可靠，故障率不高。

整机由控制台及电源箱两部分组成，两部分之间由26支排线连接，安装时需要把排线插头插牢。外接16路灯光，每路标负荷1000W，最大为2000W，单相或三相供电。

此外，还有HPL10032分体式控制台，控制路数比KDL10016多一倍。

（3）KTC4800四路过程控制器

该装置可使灯光随着声音的强度而变化，声音强弱，灯光随着强弱变化而把气氛推向高潮。

该装置采用可控硅集成电路组装，具有灯光强弱控制、声控、集控等控制能力，适用于控制边界灯。

整机对接四路，每路标称负载1000W，有的可达2000W，分单相、三相供电。具有12路触摸操作灯光控制器。设备分为分体式控制器，最大优点是控制板为触摸式，可随意调节，控制灯光变化，其他功能均与HDL10016相似。

（4）彩灯数控制装置

彩灯数控制装置是用于音乐声响控制变化的数控灯光装置。它是由脉冲发光器、十进制计数/分配器驱动电器、无触点开关和若干彩灯组成。彩灯数控装置的驱动信号为音响输出的音频信号。

(5) MCLA 微机控制系统

MCLA 微机控制系统是以 Intel8080 为 CPU 的电脑系统对灯光的空间位置、亮度等级和变化序列的三维数据进行实时处理，从而实现对复杂灯光的最有效控制。

MCLA 系统的硬件由微机、接口电路以及文字数据显示三大部分组成。微机部分由主机板、存贮器板、显示控制板组成，以 Intel8080、8224、8228 组成 CPU 模板，具有 8 位数据总线和 16 位地址总线，用 25 只按键的标准键盘作人机对话的输入。在监控程序管理下工作，用盒式磁带作外存，保存有用的信息。8 只 LED 数码管作键盘输入和工作状态的显示。此外还设置有中断发生电路，便于用户调试程序和外中断。存贮器有 9K RAM 和 5K ROM，RAM 除一些工作单元外，主要用于贮存灯光信息。从微机到模拟量转换及 TV 部分的信息信道，由总线隔离逻辑给予功率驱动。

MCLA 微机控制系统完成调光控制的各种功能，都是通过执行调光程序来实现的。从控制的特点来看，该系统实际上是一台进行三维数据处理并实现控制的微电脑系统。该系统的程序是用 8080 汇编语言编写的，在 MDS-230 开发系统上汇编、定位和产生目标代码，经调试后固化在 EPROM 中，供用户使用。程序可分三部分包括监控程序、诊断程序和调光应用程序等。

监控程序是使该系统不用调光时，保留通用微机计算机的一些性能，例如能对指定的内存单元读出或写入，调试方式程序等。诊断程序是用来诊断计算机系统的存贮器部分，检查固化的程序和随机存贮器的硬件是否完好，如有损坏，便能自动显示出错误标志和地址，方便维修。软件系统的主要部分是调光应用程序，它具有较强的灯光控制能力。调光应用程序由主程序、指令键处理程序和若干子程序组成。

该系统操作简便，除了对舞台灯光实现控制外，它还能实现对布景、水幕等其他方面的控制。

12.2 智能照明的控制系统

在智能照明的控制方面，目前我国采用的 Dynalite 照明控制的智能化灯光设计一般都由境外灯光设计师完成，然后再由调光系统工程师进行控制的配置设计。由于灯光设计师对装潢和控制系统比较了解，因而整个灯光和控制设计前后衔接比较协调。在与国际接轨的今天，对推广应用智能灯光控制有着十分重要的影响。此节，着重介绍 Dynalite 智能照明控制系统的结构工作原理以及照明控制的应用设计。

12.2.1 智能照明的控制系统的特点

(1) 适应场合广泛

Dynalite 智能照明控制系统的"模块化结构"和分布式控制是有别于目前国际上所有照明控制系统的最大特点。它致使利用多种易于安装的"标准模块"以实现设计师的任意照明构想成为可能。其低价、灵活的"功能模块"即可独立使用，也可将"功能模块"利用网络控制软件像积木一样组成大型分布式照明控制网络。因此，无论大小不同场合，室内、室外都可应用。

(2) 可观的节能效果

Dynalite 使用了最先进的电力电子技术，能对大多数灯光（包括白炽灯、卤钨灯、日光灯、霓虹灯、灯带、配以特殊镇流器的金卤灯和其他绝大多数光源）进行调光。智能利用自然光照，以及自动实现合理的能源管理等功能，可以节电 20%～50% 以上，对于减轻供电压力、降低用户运行费用、实现照明管理智能化、推动具有世界观照明效果的城市建设，都具有极大的经济意义。

(3) 延长灯具寿命

灯具损坏的致命原因是电网多过电压，Dynalite 系统对电网冲击电压和浪涌电压的成功抑制和补偿以及软启动和软关断技术的引入使灯具寿命延长 2～4 倍，对于昂贵灯具以及难安装区域的灯具有其特殊的意义。

(4) 安装简便，操作直观

电气工程师无需专门训练就能设计大型照明系统，安装时只须将"调光模块"装入配电柜，取代原有空气开关，将操作直观的可编程灯光场景切换控制面板取代原有手动开关，两者之间可用价格低廉的两对数据线实行低压控制联接，改变了原有手动开关需接入强电线路的传统设计方法，既安全又能简化布线工程。因此，该系统对正在设计中的广场和已经使用了的广场安装都十分简便，且系统可在任何时候进行扩充，不必进行重新配置或重新布置所有的线，只需将增加的模块用数据接入原有网络系统就可以了。

（5）可靠性高

系统采用了"分布式控制"的概念，既便于照明系统的中央监控，又避免了"中央集中式照明控制系统"可靠性差的致命弱点。由于采用预置信息"独立存贮"，当系统中某个模块出现故障时，只是与该模块相关的功能失效，而不影响网络模块正常运行，从维护的观点来看，这种"独立存贮"的概念，既有利于快速故障定位，又提高了大型照明的控制系统的"容错"水平。同时，由于采用高性能的开关器件，周密的电路保护措施使该系统即使在最恶劣的环境下都具有极高的可靠性。

（6）系统兼容性好

完美的Dynalite智能照明控制系统几乎能控制各种负载，不仅能控制照明设备，还能与大楼自动系统（BAS）很好兼容。由于能拖动电机，还可能与其他自动化设备（如音像、空调等）联接。并能有效地在花费不多的情况下就能控制安全灯以及应急灯照明系统。

12.2.2 智能照明的控制系统基本结构

Dynalite智能照明控制系统，通常要以由调光模块、控制面板、液晶显示触摸屏、智能传感器、编程插口、时钟管理器、手持式编程器和PC监控机等部件组成，将上述各种具备独立功能的模块用一条两股双绞数据通讯总线（BR485）将它们联接起来组成一个Dynalite控制网络。

调光模块是控制系统中的主要部件，它用于对灯具进行调光或开关控制，能记忆96年预设置灯光场景，不因停电而被破坏，调光模块按型号不同其输入电源有三相，也有单相，输出回路功率有2A、5A、10A、16A、20A，输出回路数也有1、2、4、6、12等不同组合供用户选用。

场景切换控制面板是最简单的人机界面，Dynalite系统除了一般场景调用面板外还提供各种功能组合的面板供用户选择，以适应各种场合的控制要求。如可编程场景切换，区域链接和通过编程实现时序控制的面板等。

智能传感器有三个功能可用于照度动态检测、日照自动补偿和遥控功能。

时钟管理器用于提供一周内各种复杂的照明控制事件和任务的动作定时，它可通过按键设置，改变各种控制参数，一台时钟可管理255个区域（每个区域255个回路、96个场景）总共可控制250个事件16个任务。

液晶显示触摸屏，可根据用户需要产生模拟各种控制要求和调光区域灯位亮暗的图像，用以在屏幕上实现形象直观的多功能面板控制。这种面板既可用于就地控制，也用作多个调光区域的总控。

手持式编程器，管理人员只要将手持编程插头插入程序插口即能与Dynalite网络连接，便可对任何一个调光区域为挑场景进行预置。对于大型照明控制网络，当用户需要系统监控时，可配置PC机通过接口接入Dynalite网络，便可在中央监控室以实现对整个照明系统的管理。

Dynalite智能照明控制系统是一种事件驱动型网络系统。所有连接在网上的每个部件内部都会有微机控制器，每个部件都赋有一个地址，它在网上仅"收听"或向网上"广播"信息，当它响应了网上的信息并经处理后再将自己的信息广播到网上，以事件驱动方式实现系统的各种控制功能。

Dynalite分布式照明控制网络的规模可灵活地随照明系统的大小而改变，Dynalite网络最大可连接4096个模块。信息在子网的传输速率为96000波特，主干网的传输速则可根据网络的大小调节，最大可达57600波特，由于Dynalite网络能通过对网桥编程的设置有效地控制各子网和主干网之间信息流通、信号整形、信号增强和调节传输速率，大大提高了大型照明控制网络工作的可靠性。

12.2.3 控制系统应用设计

作为完整的应用设计应该包括灯光和控制设计两个方面，具体可分为五个步骤：

（1）光空间设计，光的功能是多方面的，它能揭示空间，限定改变空间，控制光的角度和范围，可建立空间的构图和秩序，改变空间比例，增加空间层次，强调趣味中心和明确空间导向作用，不同的空间环境应采用适应的照明方式和照明控制手段以产生不同的艺术效果。

（2）灯型选定和灯具的布局定位。

（3）绘制照明平面图。

（4）控制功能确定。

（5）控制系统配置设计。

随着系统应用范围的不断扩大和深入，Dynalite产品本身也在不断发展。Dynalite智能照明控制系统的出现将为现代城市夜景环境建设添上浓浓的一笔，给城市建设注入活力，创造生命，展现社会发展的时代风貌，使城市人们在艺术享受中，振奋精神，迸发力量。

12.3 节能措施

所谓节电，就是节省电能。要使照明装置节电，一方面要节约电能消耗，另一方面要减少电能浪费。要做到这一点，首先必须从节能的角度了解照明设备的性能，其次是采取具体的节能措施，这些节能措施可以归纳为照度合适、布置合理、采用高效率光源和灯具，采用低损耗的镇流器，有效的配电配线和控制方案，如采用灯光自动控制装置和采用智能控制系统等。

照明节能应以不降低照明效益为原则。随意削减照明，降低照明质量，造成效率下降和放弃必要的装饰效果等，都是得不偿失的错误做法。建议采取以下措施节约照明用电：

（1）采用混光照明节能

光效高、光色好、显色性好、寿命长的灯泡很难制造出来，但使用混光照明便可同时达到这些目的。

（2）采用高保持率灯具

所谓高保持率灯具就是在运行期间光通降低较少的灯具，包括光通衰减和灯具氧化，以及污染引起的反射率下降都比较少的灯具。

① 光能衰减率，在寿命期间内，高压钠灯的光通衰减最少，寿终时衰减约17%；金属卤化物灯衰减量最大，寿终时约衰减30%；高压荧光汞灯寿终时衰减20%。

② 二氧化硅涂层，铝反射罩表面通常要进行阳极氧化，以防止灯具老化。高保持率的灯具在灯罩反射器表面涂一层二氧化硅，涂装后耐酸碱性能好，耐热冲击性能提高，抗弯强度增强，表面平滑度提高，不易集灰尘，易于用水冲洗，不易被氟酸以外的其他酸碱腐蚀，能在腐蚀作业环境下长时间使用。

③ 采用效率高的光源和附件，但其他方面的性能要求必须符合照明装置的质量要求，例如灯光的色表、显色性、亮度、光通量、流明的衰减、寿命、适用的灯具类型、启动和运行特性、调光的可能性等等。

④ 选择利用系数高的灯具，但其他方面的性能要求必须符合照明装置的质量要求，包括光强分布的适用性、眩光限制、灯具材料的老化和污染、换灯和清洁灯具是否方便，环境防护等级、外观等。

⑤ 加强照明管理，首先要控制照明负荷，也就是在保证照度标准的前提下对照明的单位容量（W/m²）规定一个限度，这是一项强制性的政策措施。其次是加强照明设备的维护，采取最佳维护周期，制定严格的维护制度。

12.4 推行绿色照明工程

绿色照明工程的总目标是节约用电，保护环境，逐步建立起节电照明器具的市场推广体系，使照明节电纳入正常的市场运行轨道，大力提高节电照明器具的产品质量标准和认证体系。

（1）绿色照明工程不仅仅是为了节能和提高经济效益，更主要是着眼于资源的利用和环境保护，对发展经济和保护环境都有深远意义。

（2）绿色照明工程的照明节能，不是传统意义上的节能，而是满足照明质量视觉环境条件的更高要求，因此不能靠降低照明标准来实现节能，而是充分运用现代科技手段提高照明工程设计水平的方法，提高照明器材产品的效率来实现。

（3）绿色照明工程的高效照明器材是照明节能的重要基础，光源是主要因素，灯具和附件（如镇流器）的影响不容忽视。

（4）实施绿色照明工程，必须重视推广应用高效光源。但是不能简单地认为推广高效光源就是采用节能灯（专指紧凑型荧光灯）。这是很不全面的。因为电光源种类很多，有许多种高效电光源值得推广应用。就能量转换效率而言，有和紧凑型荧光灯光效相当的直管荧光灯，还有比其光效更高的高压钠灯和金属卤化物灯等，各有适用场所，应结合这些高效光源的特性合理选用。

(5) 光源的节能主要取决于它的发光效率。但光源的选用不能单纯从光效出发，而应根据它的性能综合考虑，合理运用。这些性能主要是显色指数，使用寿命，启动特性，调旋光性能等。例如，低压钠灯的光效远远高于其他光源，但是它的显色指数太低，以致在许多场所不能使用，至今仅有道路照明中使用。因此，可以认为，所有的高效光源都各有其特点，各有其适用场所，决不能简单地用一类节能光源来代替。

12.5 环境保护

12.5.1 防止光污染

光污染会给人带来不适，甚至影响身心健康，因此，对环境各个区域的照度有一定的要求，同时也应该有限制光污染的措施。

(1) 限制眩光，当人们观察高亮度物体时，眩光会使视力逐渐降低。为了限制眩光，可适当降低光源和灯具表面亮度，如对有的光源，可用漫射玻璃或格栅等限制眩光，格栅保护角为 $30°\sim40°$。

一般直接眩光的限制应从光源亮度，光源的表现面积大小、背景亮度以及照明灯具的安装位置等因素来考虑。

(2) 限制激光，激光一般不应射向人体，尤其是眼部，直接照射或经反射后间接射向人体时，其限制条件为波长限制范围为 $380\sim780\text{nm}$ 之间，最大容许辐照量为：

$1.4\times10^{-6}\text{Wcm}^{-2}$。

(3) 限制紫外线，波长限制范围 $320\sim380\text{nm}$ 之间。最大容许辐照量为：

$8.7\times10^{-6}\text{Wcm}^{-2}$。

(4) 限制频闪，频闪灯具不宜长时间连续使用，频闪频率为 $<6\text{Hz}$。

12.5.2 抑制噪声

噪声是指不同频率和不同强度的声音无规律地组合在一起所形成的声音。这种杂乱无章的声音令人烦噪不安，它不仅影响人们的生活和工作，而且干扰人们对其他信号的感觉和鉴别。关于噪声的允许值，以"不防碍实际应用"为原则。

12.5.3 防止光腐蚀

由于城市生活的扩大化，以及商业街建设对以往的自然环境又增加了很多特殊情况。因此，维护各种灯光照明的设备的安全性是很重要的，而最重要的是根据特定广场的特定环境选择合适的灯具和装置设备，并且采取相应的保护措施。

第六篇 商业街灯光环境实景

第13章 商业街灯光环境集锦

图 13-1 淮海食品城商业广场

商业街灯光环境集锦

图 13-2 淮海食品城构（建）筑物照明

图 13-3 淮海食品城入口照明

图 13-4 淮海食品城古建筑物照明

商业街灯光环境实景

图 13-5　徐州户步山商业街广场

图 13-6　商业街灯饰设计

图 13-7　商业街立面广告

图 13-8　商业街入口效果

商业街灯光环境集锦

图 13-9　阶梯点光效果

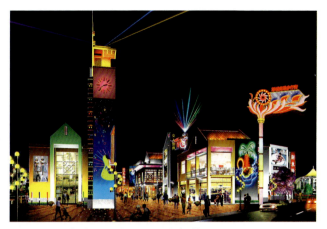

图 13-10　灯光壁画与风风火火灯饰

图 13-11　多姿多彩的商业街广告

商业街灯光环境实景

图 13-12　商业街休闲场所庭院灯饰

图 13-13　色彩斑斓的街景

商业街灯光环境集锦

图13-14 充满节日气氛的照明效果

图13-15 充满节日气氛的照明效果

商业街灯光环境实景

图 13-16　北京王府井商业街

图 13-17　店头广告与入口的灯光造型

图 13-18　店头广告与入口的灯光造型

商业街灯光环境集锦

图 13-19　俯瞰北京新东安市场

图 13-20　商业街一隅

图 13-21　彩旗点缀的店头效果

商业街灯光环境实景

图 13-22 商业街店面内透光特色

图 13-23 商业街店面内透光特色

图 13-24 商业街店面内透光特色

图 13-25 商业街店面内透光特色

图 13-26　整齐划一的广告灯箱

图 13-27　商业街停车位

图 13-28　别具特色的店头设计

图 13-29 古典建筑的泛光与昆泰商城广告照明

图 13-30 银行旁边的麦当劳

商业街灯光环境集锦

图13-31 店面照明与广告照明和谐统一

图13-32 灯光深处的银座百货

图13-33 商铺照明引人入胜

商业街灯光环境实景

图 13-34　北京王府女子百货街道

图 13-35　不同特色的街道灯饰

图 13-36　不同特色的街道灯饰

商业街灯光环境集锦

图 13-37 街头卡通招人喜爱

图 13-38 LCX 店头照明

图 13-39 LCX 店头照明图

商业街灯光环境实景

图13-41　不同的灯具设置表现出风格迥异的街景效果

图 13-40　不同的灯具设置表现出风格迥异的街景效果

图13-42　不同的灯具设置表现出风格迥异的街景效果

图 13-43　不同的灯具设置表现出风格迥异的街景效果

图 13-44 地埋灯使雕塑的表现意义更加突出

商业街灯光环境实景

图13-45　草坪灯使街景更具情趣

图13-46　草坪灯使街景更具情趣

商业街灯光环境集锦

图 13-47　庭院灯在街道中的表现效果

图 13-48　庭院灯在街道中的表现效果

图 13-49　商业街立面照明

商业街灯光环境实景

图 13-50　深圳东门商业街

图 13-51　深圳东门商业街

图 13-52　深圳东门商业街

商业街灯光环境集锦

图 13-53　各具商业特色的街景照明

图 13-54　各具商业特色的街景照明

图 13-55　各具商业特色的街景照明

图 13-56　各具商业特色的街景照明

商业街灯光环境实景

图13-57　上海外滩的欧式建筑照明

图13-58　街前水景照明

商业街灯光环境集锦

图 13-59 上海东方明珠塔

图 13-60 空旷的街前广场

图 13-61 繁华热闹的街景照明

图 13-62 景观灯让商业街更具魅力

商业街灯光环境实景

图 13-63　中山市步行街

图 13-64　中山市步行街

图 13-65　中山市步行街

图 13-66　中山市步行街

商业街灯光环境集锦

图 13—67　商业街色彩缤纷的霓虹灯饰

图 13—68　商业街色彩缤纷的霓虹灯饰

图 13—69　商业街色彩缤纷的霓虹灯饰

商业街灯光环境实景

图13-70 繁华热闹的商业街道

图13-71 繁华热闹的商业街道

商业街灯光环境集锦

图 13-72　灯具造型与雕塑都可作为街头的点缀之物

图 13-73　灯具造型与雕塑都可作为街头的点缀之物

图 13-74　灯具造型与雕塑都可作为街头的点缀之物

图 13-75　灯具造型与雕塑都可作为街头的点缀之物

109

商业街灯光环境实景

图 13—76 别具韵味的灯光遂道

图 13—77 古色古香的灯具与古老的街道建筑协调一致

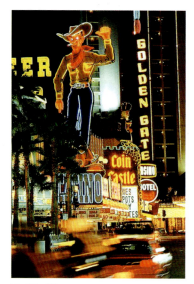

图 13—78

商业街灯光环境集锦

图 13-79　灯具造型可作为街景的补充

图 13-80　街道建筑立柱上的上下壁灯

商业街灯光环境实景

图13-81　点线面组合的灯光照明

图13-82　灯光在地面组成的图案

商业街灯光环境集锦

图13-83　建筑物立面泛光照明

图13-84　街道植物照明

图13-85　街道绿化的栅栏照明

商业街灯光环境实景

图 13-86

图 13-87

图 13-88

商业街灯光环境集锦

图 13—89

图 13—90

图 13—91

商业街灯光环境实景

图 13-92

图 13-93

商业街灯光环境集锦

图 13—94

图 13—95

图 13—96

图 13—97

图 13—98

图 13—99

图 13—100

117

商业街灯光环境实景

图 13-101

图 13-102

图 13-103

图 13-104

主要参考文献

1. 深圳市名家汇城市照明研究所编，21世纪城市灯光环境规划设计，北京：中国建筑工业出版社，2002.2
2. 肖辉乾著，城市夜景照明规划设计与实景，北京：中国建筑工业出版社，2002.3
3. 赵振民著，实用照明工程手册，天津大学出版社，2003.1
4. 李恭慰主编，建筑照明设计手册，北京：中国建筑工业出版社，2004.3
5. [英]珍妮特·特纳著,郝洛西译，艺术照明与空间环境·零度空间，北京：中国建筑工业出版社，2001.7
6. 王晓燕编著，城市夜景观规划与设计，南京：东南大学出版社，2000.6
7. 周太明等编著，电气照明设计，上海：复旦大学出版社，2001.11
8. 北京市政管理委员会编，辉煌北京之夜，北京：北京出版社，2000.1
9. 肖辉乾、黄仑译，国际照明委员会技术报告，城区照明指南。CIE第92号出版物
10. 国际照明委员会技术报告。对付交通事故的道路照明。CIE第93号出版物

深圳市名家汇城市照明研究所

　　深圳市名家汇城市照明研究所是由深圳市科技局和深圳市民政局共同批准的专业城市照明研究机构,由一批从事高新技术研究的人才、照明业界的专家学者和优秀的设计人员组成。研究所秉承"立足城市景观艺术,传承人类照明科技"的理念,致力于中国城市灯光环境建设,目标是对城市灯光环境现状的测试、分析、评估乃至进行科学的规划和艺术的设计,同时进行光源以及灯具的研究开发。深圳市名家汇城市照明研究所注重技术创新与开拓,与美商MINKAVE集团和国内一些著名研究机构保持着稳固而密切的联系。以"科技为社会和经济发展服务"为宗旨,走"产学研一体化"发展道路,将国外的先进技术和理念用于中国的现代化建设。由此而产生了新的创作自由、新的造型意识、新的空间掌握思想、新的视觉要求和新的整体规划观念……它的发展代表了中国城市照明发展的趋势。

　　名家汇城市照明研究所已为海内外完成大中型项目数百项,项目遍及欧美以及国内包括香港在内的二十多个省、市、自治区和特区。业务范围涵括城市整体和区域景观、城市广场、城市道路桥梁、城市商业街区、城市社区环境、旅游风景区、历史自然保护区、建筑室内等的照明规划和设计。在高科技、新技术的项目研究中,结合当前最先进的照明发光技术,开发出了一系列的高科技专利产品,如"数控变色发光管组"、"数控变色换画面并有变色背光源广告箱"等。这两项成果都已获得国家专利局颁发的专利证书。同时主编了《21世纪城市灯光环境规划设计》以及系列丛书。目前正在着手组建中国城市照明网。为了弘扬科技、交流信息、促进我国照明业的发展,名家汇城市照明研究所还创办了《城市之光》杂志。

　　物竞天择,深圳市名家汇城市照明研究所将推陈出新,不断地为中国城市照明事业发光发热。

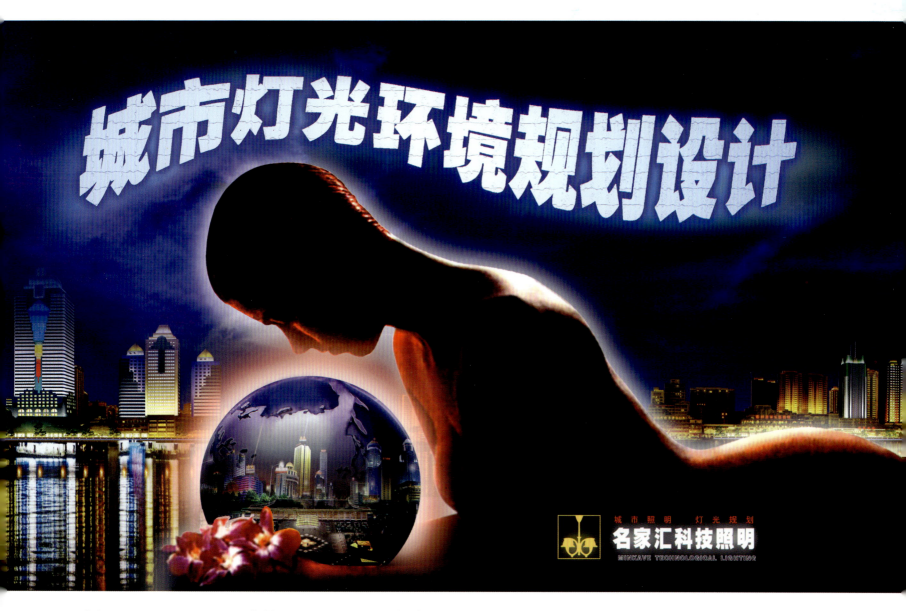

广场照明	建筑照明	道路桥梁照明	步行街照明	室内照明

深圳市名家汇城市照明科技有限公司
深圳市名家汇城市照明研究所

tel : (0755) 26490198　13600179888
http : // www.szminkave.com
e-mail : minkave@szminkave.com
add : 深圳市南油大道西海岸大厦 17F

图书在版编目(CIP)数据

城市商业街灯光环境设计/吴蒙友，殷艳明编著.
北京：中国建筑工业出版社，2006
（21世纪城市灯光环境规划设计丛书）
ISBN 7-112-07850-4

Ⅰ.城... Ⅱ.①吴...②殷... Ⅲ.商业区—建筑—
照明设计 Ⅳ.TU113.6

中国版本图书馆CIP数据核字(2006)第131240号

责任编辑：王雁宾 马 彦 李晓陶
责任设计：赵 力
责任校对：孙 爽 关 健

21世纪城市灯光环境规划设计丛书
城市商业街灯光环境设计
吴蒙友 殷艳明 编著
*
中国建筑工业出版社出版、发行（北京西郊百万庄）
新华书店经销
制版：北京方舟正佳图文设计有限公司制版
印刷：北京中科印刷有限公司
*
开本：787×1092毫米 1/12
印张：10²/₃ 字数：300千字
版次：2006年3月第一版
印次：2006年3月第一次印刷
印数：1—2500册
定价：**98.00**元
ISBN 7-112-07850-4
　　(13804)

版权所有　翻印必究
如有印装质量问题，可寄本社退换
（邮政编码100037）
本社网址：http://www.cabp.com.cn
网上书店：http://www.china-building.com.cn